# MÉMOIRE

## HISTORIQUE ET PHYSIQUE

### SUR

# LES CHUTES DE PIERRES.

SE TROUVE,

A PARIS, chez MERLIN, Libraire, quai
des Augustins, n° 29;
Et ALLAIS, Libraire, rue de Savoie, n° 12.

# MÉMOIRE

## HISTORIQUE ET PHYSIQUE

### SUR

# LES CHUTES DES PIERRES

### TOMBÉES SUR LA SURFACE DE LA TERRE

#### A DIVERSES ÉPOQUES;

## Par M. P. M. S. Bigot de Morogues,

Membre de la Société philomatique de Paris, de la Société minéralogique d'Ienna, de celle d'encouragement pour l'industrie nationale, de celles de Trèves, de Nantes, du Mans, et d'Orléans.

ORLÉANS,

IMPRIMERIE DE JACOB AÎNÉ,
rue Bourgogne, n° 6.

1812.

## AVIS AU LECTEUR.

Lorsque j'entrepris cet ouvrage, je n'avois d'autre but que celui de comparer entr'elles les circonstances qui ont accompagné les chûtes de pierres, afin de pouvoir déterminer celles qui semblent essentielles à ces sortes de phénomènes, et de les distinguer de celles qui n'ont pas constamment eu lieu ; ce qui selon moi étoit la seule méthode qui pût permettre d'essayer de connoître la cause de ces évènements aussi remarquables que communs.

Bientôt je me trouvai entraîné à des recherches qui me démontrèrent combien les ouvrages des meilleurs auteurs étoient incomplets sur la matière que je cherchois à approfondir, j'appréciai cependant leurs savants travaux et je n'osai entreprendre de donner un catalogue plus étendu que ceux qui avoient paru jusqu'à ce jour, que parce que j'étois à même de profiter des excellents écrits de ceux qui m'ont précédé à cet égard. La Lithologie atmosphérique d'Izarn, dont les citations m'ont *paru très-exactes, les savants Mémoires de Chaldni et ceux renfermés dans le Journal des mines, dans les Annales de chimie, dans celles du muséum, dans le Journal de physique, dans les receuils des Académies des sciences et des inscriptions et belles-lettres, ainsi que dans les Mémoires de l'Institut, m'ont été d'un grand secours. J'ai aussi consulté avec fruit le Bulletin de la Société philomatique de Paris, le Dictionnaire de chimie de l'Encyclopédie méthodique, celui de chimie de Klaproth et un grand nombre d'ouvrages relatifs à l'histoire ancienne ou moderne. Je dois encore témoigner ici ma reconnoissance à plusieurs savants célèbres qui ont eu la bonté de me communiquer des notes très-intéressantes ou de m'aider par leurs conseils; je citerai parmi eux MM. Haüy, Cuvier, Gillet de Laumont, Tonnellier, Léman, Trémery, et Alluaud. Je les prie de vouloir bien agréer ici l'hommage de ma gratitude : je m'estimerai heureux si cet ouvrage peut mériter leur approbation et faciliter les recherches de ceux qui suivant les traces des de Laplace et des de Lagrange, essaieront de remonter jusqu'à* la cause du phénomène important dont j'ai rassemblé ici les citations éparses dans un grand nombre d'ouvrages.

Je n'ai point osé, à l'exemple de plusieurs auteurs, me permettre de donner une théorie nouvelle ou renouvellée de toutes celles pa venues à ma connoissance. Celles des Comtes de Laplace et de Lagrange me paroissent les seules qui soient d'accord avec les circonstances relatives aux chûtes de pierres ainsi qu'avec la nature de ces corps remarquables. Elles reposent à la vérité sur des bases qui au premier aspect nous paroissent inadmissibles; mais chaque nouvelle découverte en physique a toujours semblé dans son principe aussi singulière. Ainsi lorsqu'un célèbre astronome nous démontra que la terre tournoit autour du soleil, chacun crut d'abord qu'il déraisonnoit; on s'étonna de la hardiesse de Franklin, quand il nous apprit à diriger la foudre; et quand Lavoysier retrancha l'eau du nombre des éléments, toute l'ancienne école le regarda comme un novateur aspirant à substituer des chimères à la place des opinions admises par tous les siècles, comme des vérités incontestables.

*Nous mémes dans ces derniers temps, nous refusant à l'évidence et aux témoignages de toutes les nations, nous rangeâmes les chûtes de pierres au nombre des préjugés populaires les plus absurdes: ne blâmons donc point les auteurs de théories savantes dont le calcul démontre la possibilité; mais laissons dans l'oubli ces systèmes éphémères trop ordinairement le fruit de connoissances superficielles.*

# MÉMOIRE

## HISTORIQUE ET PHYSIQUE

### SUR

# LES CHUTES DES PIERRES

#### TOMBÉES SUR LA SURFACE DE LA TERRE

##### A DIVERSES ÉPOQUES.

---

## OBSERVATIONS PRÉLIMINAIRES.

LE phénomène de la chûte des pierres, si récemment révoqué en doute par les meilleurs auteurs, et maintenant admis par tous les savants comme incontestable, étoit connu dès la plus haute antiquité.

Les historiens chinois, ceux de la Grèce et de Rome nous l'ont attesté comme irrévocable; ceux même du moyen âge nous ont transmis les relations d'un grand nombre de faits de ce genre; mais dans les siècles derniers, la difficulté insurmontable de les expliquer, ou même de les mettre en rapport avec les autres faits connus, les fit regarder comme faux par la plupart des savants, qui, à cette époque, trouvèrent dans leur incrédulité l'excuse de leur ignorance. Bientôt les gens du monde et le peuple lui-même rangèrent au nombre des fables un des phénomènes les plus cestains, dont la vérité étoit attestée par une multitude de témoignages irrécusables, chacun croyant alors, par ses doutes inconsidérés, faire preuve de la science qu'il n'avoit point, et d'une prétendue force d'esprit, masque trop ordinaire de l'incertitude et de la foiblesse.

On peut cependant dire en faveur des modernes, qu'une des causes qui rendent excusable leur incrédulité sur la chûte des pierres, est que ce phénomène rapporté par les anciens, se trouve ordinairement confondu par eux avec une foule de circonstances qui le rendent encore plus merveilleux; et que la superstition ou un zèle religieux se mêlèrent souvent à leurs écrits, ou parurent influer sur les traditions des peuples, qui regardèrent quelques-unes des masses tombées de l'atmosphère comme des objets divins.

C'est ainsi qu'il paroît démontré que la

masse de pierre transportée à Rome du temps de Scipion-Nasica, et adorée sous le nom de mère des dieux, est réellement tombée du ciel; et que le bloc de fer-natif trouvé en Sibérie, près des monts Kémir, entre Krasnojarck et Abakansk, et révéré par les Tartares, est d'origine céleste.

Du moment où la chûte des pierres fut confondue avec les prodiges, les hommes, qui par leurs longues études se croyoient en droit de prétendre à une plus grande justesse de raisonnement, crurent devoir rejeter un fait, qui pour eux devenoit contraire aux lois de la nature, et ne pouvoit plus être considéré que comme une dérogeance à l'impulsion que lui imprima son divin auteur.

La raison autant que la religion éclairée des peuples modernes se refusèrent à admettre des miracles qui n'eussent eu aucun but d'utilité apparent, et qui par la même contrarioient si manifestement l'idée d'invariabilité inhérente à l'essence de l'être suprême.

Il est donc infiniment important de séparer le phénomène de la chûte des pierres, de tous ceux avec lesquels il a été confondu par une foule d'auteurs d'ailleurs très-respectables, et de le réduire aux simples faits démontrés par l'expérience et par les dépositions des témoins les plus irrécusables.

C'est pour parvenir à ce but que je vais succinctement examiner ici les chûtes de diverses substances étrangères à l'atmosphère, qui ont paru en tomber, et ont été quelquefois confondues avec les véritables aérolithes. La réalité de quelques-uns de ces phénomènes peut cependant être contestée, parce qu'ils peuvent être attribués à de trompeuses apparences ou à un examen peu approfondi de faits publiés tantôt par l'ignorance, tantôt par la mauvaise foi, et presque toujours trop légèrement admis.

Je ne parlerai pas ici des pluies de sang, des pluies de lait, de celles de chair, et autres semblables, qui ne paroissent nullement démontrées, ou ne sont que les résultats de l'illusion et de la mauvaise foi. Pline les indique dans le livre II, chapitre 56, de son histoire du monde. Lemaire, dans son histoire des antiquités d'Orléans, rapporte qu'en juillet 1591, une pluie de sang est tombée à la Madeleine, près Orléans; enfin beaucoup d'autres auteurs, et surtout les annalistes de chaque province, ont rapporté des évènements analogues. Les auteurs orientaux naturellement amis du merveilleux , en ont cité un grand nombre, et même ont parlé de pluies de grenouilles, de serpents, ou d'autres animaux vivants.

Tous ces faits ne paroissant pas constatés ou étant révoqués en doute, je ne les combattrai point, mais je renverrai ceux qui désireront plus de renseignements sur ce sujet, à l'excellent mémoire lu par Fréret, le 1er février 1717, à l'Académie royale des inscriptions et belles-lettres.

J'examinerai cependant particulièrement les divers phénomènes réunis dans un même tableau par le savant professeur Izarn, dans sa lithologie atmosphérique , afin de distinguer positivement les substances étrangères à la terre, qui tombent sur sa surface, de celles qui ont été détachées d'un des points de sa masse pour être rejetées sur un autre par une cause quelconque, et aussi pour séparer le phénomène de la chûte des pierres, de ceux qui n'ont laissé après eux aucun corps de nature analogue.

Je retrancherai de ce même tableau;

1° La pluie dont parle Dion, qui donna au cuivre l'apparence de l'argent, parce qu'il ne me paroît pas démontré, comme à Izarn, que cette pluie ait été de mercure, rien n'attestant la possibilité d'un pareil phénomène, et le peu de détails rapportés par Dion sur un fait aussi singulier, ne pouvant suffire pour établir une théorie à cet égard.

2° La chûte du globe de feu qui, au rapport de Geoffroi, crêva dans la place du Quesnoy, le 4 janvier 1717; parce qu'il ne lança aucune pierre, car ce fait, arrivé au centre d'une ville très - peuplée, eût été remarqué par ses habitants et par le savant qui en fit part à l'Académie royales des sciences.

On doit donc plutôt joindre ce phénomène à ceux analogues dont Chladni a rassemblé les citations en assimilant les chûtes des bolides aux véritables chûtes de pierres; opinion que nous ne saurions admettre comme démontrée, mais qui cependant paroîtra toujours très-intéressante par la manière savante dont cet auteur l'a discutée. On peut la connoître non-seulement dans l'ouvrage original qui a été imprimé en allemand, mais encore dans l'excellente traduction de Coquebert, insérée au tome XV, page 286 et 446 du journal des mines.

On y remarquera que plusieurs des phénomènes qui y sont cités, pourroient être
considérés comme ayant donné lieu à des
chûtes de pierres, car le bolide du 21 mai
1676, ayant éclaté au-dessus de la mer,
près Livourne, ses fragments firent en tombant le même bruit qu'eût produit dans
l'eau du fer rougi au feu. De même un autre bolide, vu en Italie le 22 février 1719,
répandit, en faisant explosion, une odeur
de soufre très-marquée. Il en est encore
ainsi de celui dont quelques personnes crurent voir tomber les fragments dans l'Oder,
et qui éclata en Silésie, le 19 février 1750.
Enfin les fragments de celui qui, au rapport
des Académiciens de Dijon, se dissipa le 11
novembre 1761, aux environs de cette ville,
ayant été capables de mettre le feu à une
maison sur laquelle ils tombèrent, il me
semble probable qu'ils étoient réellement
des corps solides et embrasés· Je ne rappel-
lerai cependant pas ces quatre phénomènes
dans l'ordre chronologique des chûtes de
pierres, attendu qu'il ne me paroît pas
suffisamment démontré qu'il en soit tombé
à leur suite.

3º Je retrancherai encore du même tableau la pluie de sable tombée le 6 avril 1719, dans la mer Atlantique, de laquelle le père Feuillée montra un échantillon à l'Académie des Sciences. Comme ce sable étoit de nature analogue à celui du rivage voisin, on présuma qu'il avoit pu être apporté par une trombe, phénomène ordinaire dans les pays sablonneux, dont tant de voyageurs furent victimes dans les déserts de l'Afrique, et dont le célèbre Bruce fut témoin avec un si terrible effroi.

Il est reconnu que les trombes d'eau ou de sable peuvent produire des effets surprenants, et que l'air, agité suffisamment pour les occasionner, enlève souvent des corps étrangers, même très-solides; mais rien ne démontre que les trombes aient le moindre rapport avec la chûte des pierres, tombées si souvent par des temps calmes, ces dernières étant formées d'ailleurs d'éléments réunis dans des proportions différentes de celles déterminées dans tous les autres minéraux connus.

Le même raisonnement tend à démontrer que la chûte des pierres n'a aucun rapport avec les éruptions volcaniques, terrestres; et, dans l'état actuel de nos connoissances, il seroit absurde d'attribuer à la même cause, et l'épouvantable pluie de cendres qui engloutit pour jamais la malheureuse Pompéia, située au pied du Vésuve, et la chûte des pierres tombées à l'Aigle ou à Charsonville, à une distacce de plus de cent quarante myriamètres de tous les volcans en activité, lors même que ces volcans sembloient en repos ; d'ailleurs la nature des pierres tombées de l'atmosphère est tellement différente de celle des productions volcaniques connues, qu'il est parfaitement impossible d'établir aucune analogie entre les substances de ces deux origines.

En 1538, il tomba proche du village de Tripergola, en Italie, une pluie considérable de cendres et de pierres volcaniques. D'après le père Montfaucon, cette pluie eut lieu à la suite de tremblements de terre affreux ; l'air s'obscurcit par la grande quantité de poussière et de pierres dont il se remplissoit sans cesse, lesquelles tombèrent pendant deux jours de suite, et formèrent une montagne au milieu du lac Lucrin.

Chacun connoît aussi l'épouvantable et sublime apparition de petites îles voisines de Santorini, dont l'une s'éleva, en 1707, du fond de la mer, dans l'Archipel, en vomissant une horrible quantité de pierres et de cendres embrasées qui se répandirent au loin. Mais ces sortes de phénomènes, évidemment volcaniques, n'ont nul rapport avec les chûtes de pierres, ni par leur cause, ni par les circonstances qui les accompagnent, ni par la nature des pierres retombées sur la terre.

4° L'existence des pluies de soufre ou sulphureuses, rapportées par plusieurs auteurs dignes de foi, tels que Moïse, Spangemberg, Olaüs - Wormius et Siegesbek, et, d'après eux, par Van-Muscembroeck, ne peut guère être révoquée en doute ; mais ce phénomène, dont la cause étoit miraculeuse au rapport du premier auteur, et que nous ne connoissons pas encore assez parfaitement pour pouvoir l'expliquer sur le simple récit des trois suivants, ne nous paroît pas devoir être assimilé à la chûte des pierres, qui sont de nature très-différente du soufre, dont elles ne renferment que quelques légères parties à l'état de combinaison ; et d'ailleurs les circonstances qui ont accompagné les trois pluies de soufre observées dans le duché de Mansfeld en 1658, à Copenhague en 1646, et à Brunswich en

1721, ne sont pas de nature à pouvoir être assimilées avec celles qui accompagnent la chûte des pierres.

5° La pluie viqueuse qui, au rapport de Van-Muschenbroeck, tomba en Irlande en 1695, ne paroît pas non plus avoir aucun rapport avec le phénomène dont nous nous occupons ici.

6° La chûte de la masse de feu observée en Amérique, dans la nuit du 5 avril 1800, paroît n'être que l'apparition d'un météore igné, analogue à celles qui eurent lieu dans une multitude d'endroits différents, et particulièrement au Quesnoy, en 1717, et dans le comté de Suffolk, en 1802.

Je mettrai dans ce mémoire, à l'exemple d'Izarn, la pluie de pierres qui eut lieu à Rome, sous le règne de Tullius-Hostilius, sur le mont Albanus, après la ruine d'Albe, ainsi que le rapporte Tite-Live, et celle qui eut lieu dans la même ville, sous le consulat de Caïus-Martius et Titus-Manlius-Torquatus, rapportée par Julius-Obsequens, attendu que ces deux pluies de pierres ne peuvent avoir été occasionnées par des éruptions volcaniques, quoique, par sa savante discussion, Fréret semble vouloir le faire admettre. A la vérité il est bien démontré que des coups de vent violents ont transporté des cendres volcaniques ou autres matières légères, à une très-grande distance, mais on ne sauroit croire qu'une pluie de pierres, et surtout d'espèce aussi pesante que celles qui tombent de l'atmosphère, aient été enlevées par un ouragan, ou rejetées par un volcan, à une distance de vingt lieues, et souvent beaucoup plus.

Je ne parlerai pas, dans ce Mémoire, des prétendues pierres de foudre dont Mahudel entretint l'Académie des inscriptions et belles-lettres, en 1734; ces pierres travaillées, ouvrage des hommes avant l'enfance des arts, ne peuvent présenter d'autre rapport avec les pierres tombées de l'atmosphère, que le nom que leur imposa l'ignorance. Elles furent confondues avec les véritables bœtilies, et particulièrement avec celle qui tomba enveloppée d'un globe de feu, aux pieds du poète Pindare, et celle qui fut jadis adorée sous le nom de mère des dieux (*).

---

(*) Dans un Mémoire inséré au tome XVIII, de l'histoire de l'Académie des inscriptions et belles-lettres, Falconnet attribue la même origine à toutes les bœtilies.

J'observerai cependant ici, que le nom de bœtilie ne peut être donné à aucune des espèces formées par Mahudel, la première ne renfermant que de véritables échinites, la seconde des masses de fer sulphuré, et la troisième des ouvrages de la main des hommes. Cette opinion est d'ailleurs conformes à celle que Jussieu avoit déjà émise dans un mémoire sur les pierres de foudre ou *ceraunia*, lu à l'Académie des sciences en 1723.

D'après les observations précédentes, je vais donner ici le catalogue chronologique des diverses chûtes de pierres, bien constatées, observées jusqu'à ce jour. Celles publiées par Izarn, et surtout par Chladni, me serviront de base, et j'y ajouterai, 1° les chûtes constatées, qui paroissent y avoir été omises par mégarde; 2° celles postérieures à la publication de leurs ouvrages; et 3° quelques remarques sur une partie de ces chûtes.

Je ne prétends pas donner ici un catalogue complet de toutes celles dont il peut être fait mention, je reconnois toute mon insuffisance pour un travail aussi étendu, qui même me paroît impossible à faire sans une multitude d'ouvrages que l'on ne peut se procurer dans une ville de province ; mais au moins, je croirai avoir rempli ma tâche, si j'ai ajouté quelques faits bien constatés à ceux déjà rassemblés par les savants les plus respectables, et si, par-là, je suis à même de démontrer l'insuffisance des théories proposées jusqu'à ce jour, pour l'explication d'un phénomène qui me paroît encore trop peu connu.

Pour mieux faire sentir la marche des connoissances physiques, d'abord si lentes, et depuis quelques années si prodigieusement rapides, j'ai cru devoir diviser l'histoire chronologie de la chûte des pierres, en six sections, dont les cinq premières sont très-remarquables par la variation de l'opinion publique sur la réalité de ce phénomène, si anciennement observé, si commun, et cependant encore si inexplicable.

Dans la première section, j'ai réuni une foule de faits la plupart oubliés, ou perdus dans une multitude de circonstances fabuleuses. Les récits merveilleux des chûtes constatées dans ce long période, furent presque toujours exagérés par la superstition, et devinrent souvent des mystères

religieux et accédités. Les écrivains les
plus respectables et les plus instruits de l'antiquité ont cependant rapporté, dans l'histoire de tous les peuples, parmi un grand
nombre de faits incroyables, quelques-uns
des phénomènes dont nous allons nous occuper. Ce recueil d'évènements qui nous paroissent si peu importants par eux - mêmes,
va donc, par le récit des erreurs auxquelles
ils ont donné lieu, se rattacher à l'histoire
du monde.

Je ferai remonter cette première section
jusque dans les temps les plus reculés dont
les historiens nous ont fait mention ; je la con-
duirai à travers les beaux siècles de la Grèce
et de Rome, et arrivant avec notre ère presque dans ces derniers temps, elle se termi-
nera dans le quinzième siècle, lorsque les
beaux-arts, protégés en Italie, refleurirent
en Europe. C'est-là que commencera la seconde section, dans le temps où les savants,
profitant de la découverte de l'imprimerie,
s'occupèrent à recueillir de nouveaux faits,
et c'est aussi là que commencera réellement
l'histoire des phénomènes qui ont accompagné les principales chûtes de pierres. L'évènement mémorable arrivé à Ensisheim, ayant

eu pour témoin l'empereur Maximilien lui-même, est une époque assez remarquable pour se trouver le premier de cette section; les historiens furent cependant encore presque les seuls à recueillir des récits dont les physiciens, alors trop prévenus, dédaignèrent de s'occuper.

Dans la fin de cette section, on verra la chûte des pierres peu accréditée, n'être admise que par des observateurs trop peu célèbres pour entraîner l'opinion publique, ou trop peu hardis pour la braver. C'est ainsi que le savant Gassendi, rapportant un de ces faits, ne put déterminer la croyance de ses contemporains dont il avoit l'estime, et que Fréret, prêchant l'incrédulité, ne nous a transmis la série de quelques-uns de ces phénomènes, que pour essayer de les anéantir par ses raisonnements spécieux. Cet espace de temps, pendant la fin duquel les savants ou au moins ceux qui ambitionnoient ce titre glorieux, se faisoient un point d'honneur de ne s'occuper de la chûte des pierres que comme d'un préjugé ridicule ou superstitieux, se prolongea jusqu'en 1768, temps auquel l'aérolithe tombé à Lucé, dans le centre de

la

la France, fixa l'attention de l'Académie royale des Sciences.

Quoique les savants nommés par cette société célèbre pour en faire l'examen, s'efforcassent à chercher des explications maintenant inadmissibles, d'un fait dont ils ne pouvoient deviner la cause, ils eurent au moins la bonne foi et le courage de s'en occuper sérieusement; et si le préjugé dont ils étaient imbus n'eût pas été aussi fort, il est probable qu'ils eussent admis la réalité de la chûte de la pierre dont ils firent l'analyse.

C'est donc en 1768, dans le temps où tomba la pierre dont la chûte fixa pour la première fois, l'attention de l'Académie, que je commencerai la troisième section de l'histoire de ces sortes de phénomènes, et je la continuerai pendant le temps où les savants, persistant à en nier la réalité, regardèrent cette croyance comme une absurdité digne d'être reléguée parmi les préjugés populaires.

La chûte des pierres tombées à Bénarès en 1798, commencera la quatrième section. Par une de ces bizarreries de l'esprit humain que l'on ne sauroit expliquer, ce phénomène arrivé dans l'Inde, fixa l'attention des savants de l'Europe, qui jusqu'à ce jour avoient dédaigné ceux de même genre dont leurs compatriotes avoient été les témoins oculaires ; la Société royale de Londres et l'Institut de France admirent alors, pour la première fois, sa possibilité, ou au moins jugèrent qu'on ne devoit pas négliger l'occasion d'approfondir la vérité.

L'incertitude étoit cependant encore permise ; les savants partagés entr'eux, n'étoient pas également convaincus que des pierres tombassent réellement sur la surface du globe. Cette incertitude dura plusieurs années, et l'opinion n'étoit point irrévocablement fixée, lorsque la chûte d'un très-grand nombre de pierres, arrivée à l'Aigle, au centre de la France, en 1803, put être vérifiée et constatée de la manière la plus authentique par les membres les plus éclairés de l'Institut de France.

C'est donc après la chûte des pierres tombées à l'Aigle, que je commencerai ma cinquième section ; depuis cette époque, le doute n'est plus permis, et seroit la preuve la plus évidente de l'ignorance la plus complète, ou du pyrrhonisme le plus absolu.

Les chûtes qui eurent lieu postérieurement à celle-ci, se rangeront toutes dans cette cinquième section ; leur histoire sera particulièrement utile pour faire connoître la série des phénomènes qui accompagnent ces sortes d'évènements, et qui peuvent conduire par la suite à la connoissance presque certaine de leur cause. Jusqu'à ce jour, les savants partagés, non sur la réalité des faits, mais sur leurs explications; attendent sagement qu'une plus longue série d'observations et d'expériences bien faites, aient changé leur présomption en probabilité, ou même en certitude : puisse mon travail, à cet égard, leur être de quelqu'utilité. Quant à moi, me contentant dans ce mémoire de jouer le rôle d'historien, je rapporterai les diverses suppositions proposées jusqu'à ce jour, à mesure que la série des faits me le permettra, afin que ceux qui ne sauroient croire que ce qu'ils peuvent expliquer, choisissent celle qui leur paroîtra la plus convenable; et n'en regardant aucune comme parfaitement démontrée, je

me garderai bien d'émettre une opinion nouvelle, étant parfaitement convaincu qu'une
mauvaise théorie ne pourroit être considérée que comme un rêve, et que si les savants
les plus célèbres de l'Europe ne sont parvenus qu'à prouver que leurs explications ne
sont pas complètement improbables, il me
seroit impossible de faire mieux.

Enfin, je terminerai ce mémoire par une
sixième section, destinée 1° à faire connoître les principales substances que l'on
présume tombées sur la terre, sans en savoir
les époques ; 2° à analyser les faits relatifs
au phénomène dont nous nous occupons ici ;
et 3° à conclure définitivement ce qui doit
nous paroître constant ou variable, et démontré ou incertain dans l'état actuel de nos
connoissances.

Dans la discussion relative à la suite chronologique des faits rapportés dans cet ouvrage, et particulièrement dans la première
section, je ne m'étendrai que peu sur la
plupart d'entr'eux, souvent même, lorsqu'ils n'auront occasionné aucune observation importante, je ne ferai que les énoncer, en renvoyant ceux qui désireront de
plus amples renseignements, aux ouvrages

originaux desquels ils ont été extraits. D'ailleurs il eût été inutile, et souvent même impossible, d'entrer dans de plus grands détails à leur sujet ; par-là je n'eusse fait que répéter ce qui se trouve dans d'autres parties de mon ouvrage, et je l'eusse grossi inutilement de redites ennuyeuses du moment où elles ne seroient plus nécessaires.

Au contraire, dans la deuxième partie ainsi que dans les suivantes, j'entrerai dans de très - grands détails sur certains faits, afin que le rapprochement des témoignages d'une multitude d'individus très-éloignés, et souvent inconnus les uns des autres, puisse servir non seulement à constater la vérité d'une manière plus authentique, mais encore faire connoître l'ensemble des phénomènes qui se manifestent constamment lors de la chûte des pierres, et les différences qui peuvent exister dans quelques circonstances.

Le but que je me suis proposé dans ce long mémoire, sur une suite de faits qui ne sont plus douteux, est,

1° De faire connoître une série de chûtes de pierres bien constatées, plus complète que celles publiées jusqu'à ce jour ;

2° De distinguer ce phénomène de ceux avec lesquels il a pu être confondu ;

3° De démontrer combien est commun un phénomène que naguère nous regardions comme une absurdité évidente ;

4° De faire observer combien il est long et difficile de faire croire les faits les plus certains , lorsqu'ils nous paroissent inexplicables ;

Et 5° de faire remarquer à combien d'erreurs la chûte des pierres a donné lieu, et quel parti avantageux la politique a su quelquefois en retirer.

# PREMIÈRE SECTION.

DE toutes les pluies de pierres, la plus mémorable et la plus anciennement constatée, est sans contredit celle dont Dieu se servit pour détruire l'armée des cinq rois chananéens, que Josué venoit de mettre en fuite près de Gabaon, l'an 1451 avant notre ère. Voici ce qui est rapporté à ce sujet au verset XI, chapitre X du livre de Josué :

« Lorsqu'ils fuyoient, le Seigneur fit tom
» ber du ciel de grosses pierres sur eux jus
» qu'à Azeca, et cette grêle de pierres qui
» tomba sur eux, en tua beaucoup plus que
» les enfants d'Israel n'en avoit passé au fil
» de l'épée. »

Ce fait miraculeux, au moins par ses effets, par le lieu, et le moment, semble à dom Calmet être le même déguisé, dans la fable qui rapporte qu'Hercule faisant la guerre aux fils de Neptune, obtint de Jupiter une pluie de cailloux, qui écrasa ses redoutables ennemis.

Je le cite ici, étant parfaitement convaincu que ceux même qui se croiroient en

droit de récuser une autorité aussi respectable que celle des livres saints, seront
toujours obligés d'admettre que le phénomène de la chûte des pierres étoit connu
dès la plus haute antiquité, et dans le temps
où le livre de Josué fut écrit. Ils admettront
même comme probable, que vers cette
époque une chûte considérable de pierres
eut lieu dans un pays voisin de la Judée,
et frappa singulièrement l'imagination des
peuples de l'Asie, puisque les Hébreux et
les peuples voisins en conservèrent simultanément la mémoire dans leurs traditions
et dans leurs écrits.

Attendons quelques temps encore, et
peut-être que beaucoup de faits consignés
dans les ouvrages des anciens, qui naguère
nous paroissoient totalement miraculeux,
ne nous paroîtront plus aussi complètement
contraires aux lois de la nature.

On doit mettre au nombre des pierres
tombées, dont il est fait mention dans l'histoire sous les dates les plus anciennes, sans
pouvoir en assigner l'époque d'une manière précise, la pierre adorée jadis, et
désignée sous les noms d'Elagabale, chez les
Phéniciens, et de Cybèle ou mère des dieux,

chez les Phrygiens, et peut-être de Jupiter-Amon, dans la Lybie.

On sait que ces dieux n'étoient originairement autre chose qu'une grosse pierre noire de forme pyramidale, que l'on croyoit tombée du ciel; ne pouvoit-on pas présumer que la vue d'un phénomène aussi extraordinaire que la chûte d'une énorme masse de pierre, tombant toute embrasée avec un fracas épouvantable, en aura pu imposer assez aux peuples grossiers et superstitieux de l'ancienne Phrygie, pour leur faire adorer cette masse brute comme un dieu.

Ce culte étoit très-ancien, car les Egyptiens eux-mêmes, dès l'an 660 avant J.-C., sous le règne de Psammieticus, avoient reconnu la haute antiquité des Phrygiens, et personne n'ignore que dans les temps très-reculés les hommes étoient enclins aux superstitions les plus grossières. Leur histoire, dans ces premières époques, se trouve enfouie dans une multitude de circonstances mensongères, elle est pour nous un problème presque insoluble, et ce n'est qu'en tâtonnant, que l'on parvient à rencontrer quelques rapprochements heureux, sus-

ceptibles d'y jetter quelques foibles rayons
de lumière. Il nous paroît donc probable
que les Phrygiens et les Phéniciens adorè-
rent simultanément une masse de pierre
qu'ils virent tomber du ciel; l'intérêt politique qui tendoit à réunir les hommes
encore errants, dut singulièrement favoriser leur croyance, et les prêtres de leurs
dieux ne laissèrent point échapper cette
occasion d'augmenter leur pouvoir.

Bientôt le culte de la divinité envoyée
du ciel, se répandit de proche en proche,
les mystères et les cérémonies qui y furent
annexés, accrurent le nombre de ses parti-
sans, la vénération croissant d'âge en âge,
le rendit de plus en plus respectable, et les
dieux de la Phrygie, de l'Egypte, de la
Phénicie, et de la Grèce, utiles partout aux
besoins de la politique, devinrent par la
suite ceux de Rome et de presque tout l'univers; c'est ainsi que la mère des dieux,
transportée avec pompe, exigea partout des
miracles pour soutenir ses autels, et qu'enfin les Romains crédules admirèrent l'impure
Claudia, faisant entrer dans leur port le
vaisseau chargé de leur nouvelle divinité,
qui en lui rendant l'honneur, devoit à

la fois faire et sa fortune et celle des prêtres qui l'avoient corrompue.

Cette masse tombée du ciel à Pessinunte, dans la Phrygie, étoit adorée sous les noms d'Ida et de mère des dieux, lorsque les Romains envoyèrent des députés à Attale Ier, roi de Pergame, pour la lui demander. Publius-Scipion Nasica, connu par sa vertu, fut choisi par le sénat, quoique fort jeune, pour aller la recevoir, et le culte de cette divinité grotesque s'établit dans Rome, l'an 204 avant J.-C.

Le savant Biot lut un mémoire sur ce sujet à la société philomatique en juillet 1791. Et maintenant il est parfaitement reconnu que la mère des dieux était une véritable bœtylie; mais le temps de sa chûte ne peut être fixé d'une manière certaine, quoique l'on sache parfaitement qu'elle eut lieu à une époque très-reculée, et de beaucoup antérieure à celle de la chûte de la pierre tombée proche le fleuve Ægos-Potamos.

Au rapport d'Arnobe, cette pierre étoit d'un volume médiocre, de couleur noire, et de substance anguleuse et métallique; un oracle avoit annoncé aux Romains que la prospérité de l'empire iroit toujours croissante, s'ils parvenoient à se procurer ce précieux dépôt ; et le sénat intéressé au maintien de la superstition, se servit de ce moyen pour la ranimer.

C'étoit aussi un semblable motif qui faisoit conserver, près du temple de Delphes, une autre pierre du même genre, qui, d'après Pausanias, passoit pour avoir été rejetée par Saturne, et être tombée dans la Grèce ; ainsi la politique habile savoit profiter alors des phénomènes extraordinaires pour créer des miracles, et attacher à son sol, par la superstition, un peuple encore grossier et à demi-barbare.

Tite - Live rapporte, dans le § XXXI du livre I<sup>er</sup> de ses décades, la chûte de pierres dont l'époque est la plus anciennement constatée dans l'histoire profane, il nous apprend que la guerre des Sabins étant glorieusement terminée ( environ 654 ans avant J.-C. ), on vint annoncer au roi et au sénat qu'il étoit tombé une pluie de pierres sur le mont Albanus. Comme on avoit peine à croire une pareille chose, on envoya sur les lieux, pour s'en assurer, et ceux qui s'y portèrent virent effectivement tomber du ciel des pierres aussi pressées que la grêle, lorsque les vents la chassent sur la terre. Les Romains, en expiation de ce prodige, qu'ils regardoient comme d'un sinistre présage, ordonnèrent des sacrifices solennels pendant neuf jours, usage qui se perpétua toutes les fois qu'on vit arriver le même évènement.

Non - seulement ce phénomène fut regardé comme un prodige véritable par le peuple superstitieux de Rome, mais les philosophes eux-mêmes, et l'incrédule Cicéron en particulier, l'ont rapporté comme étant convaincus de sa réalité.

Le savant dom Calmet, qui s'est occupé de rassembler à ce sujet les citations des anciens, rapporte que quelques temps après la bataille de Cannes (216 ans avant J.-C.), on vit sur la même montagne d'Albe, une pluie de pierres qui dura deux jours de suite.

La même chose s'est fait remarquer à divers endroits, par exemple, à Aricia, à Capoue, à Rome, à Lavinium, à Amiternes, et dans la marche d'Ancone; quelquefois c'étoit de simples pierres qui tomboient, d'autres fois des pierres enflammées, et quelquefois de la terre.

Il est très-fâcheux que les détails donnés
par les auteurs anciens sur ces divers phénomènes , soient trop peu circonstanciés
pour nous apprendre positivement s'ils doivent être rapportés à la même cause que les
chûtes de pierres dont nous sommes journellement les témoins. Il est souvent impossible de déterminer, d'après leurs récits, si ces faits doivent être attribués à une
cause volcanique, comme on doit le faire
pour la pluie de cendre qui tomba à Constantinople l'an 472, et pour celle qui , en
1537 , s'étendit jusqu'à cent lieues des côtes
de Sicile, et dut son existence à une éruption
du mont Ætna ; ou si on doit attribuer la
chûte des pierres qu'ils ont dit être tombées
sur la terre , à un violent orage arrachant
les rochers du sommet des montagnes , et
les précipitant dans les vallées , ainsi qu'Hé-
rodote et Justin rapportent que cela eut
lieu aux approches du temple de Delphes.

La chûte de pierres la plus ancienne ,
parmi celles consignées dans les histoires de
la Chine, paroît être celle de cinq pierres
tombées dans le pays de Song , 644 ans
avant notre ère. De Guignes en fait mention dans le tome 1ᵉʳ de son voyage, page

195, où il dit que la seizième année du règne de Hy-Kong, dans le printemps, à la première lune, au jour Von-Chin, quarante-cinquième du cycle, il tomba du ciel cinq pierres dans le pays de Song.

Dom Calmet a observé, dans ses commentaires, que Malchus, dans la vie de Pythagore, parle d'une pierre de foudre. Si on doit croire qu'elle tomba en Crète du temps de ce philosophe, on pourra présumer que sa chûte eut lieu pendant ses voyages, c'est-à-dire, environ 520 ans avant J.-C.

Vers la seconde année de la soixante-dix-huitième olympiade, environ 467 ans avant notre ère, on vit tomber du ciel une grande pierre proche le fleuve Ægos en Thrace; le poète Pindare, né en Béotie, vivoit à cette époque, il est donc présumable que cette pierre fut celle qui tomba à ses pieds. Comme c'étoit aussi dans ce même temps que florissoit Anaxagore, il est également probable que la prédiction qu'il fit de la chûte de cette pierre ne fut faite qu'après coup, pour frapper davantage l'esprit crédule des anciens habitants de la Grèce, Pline nous apprenant que l'on croyoit que ce philosophe avoit indiqué le jour où elle devoit être détachée du corps même du soleil , et tomber sur la terre.

Il attribue aussi au même Anaxagore une autre prédiction semblable, relativement à la chûte de la pierre qui étoit conservée à Abidos avec un respect religieux.

Il est très-remarquable que la pierre tombée près la rivière des Chèvres ou Ægos-Potamos , qui se voyoit encore du temps de Pline , ait été aussi exactement décrite par lui ; car cet auteur rapporte qu'elle tomba en plein jour, qu'elle étoit de la grosseur d'un chariot, et que sa couleur étoit comme si elle avoit été brûlée ( *colore adusto* ). Il dit aussi qu'au temps de cette chûte , il parut une comète , qui dura assez long-temps, mais il ne parle pas d'explosion , et ne rapporte pas si la comète disparut aussi-tôt après , ce qui eût été important à connoître pour juger si ces deux phénomènes avoient quelque connexion entr'eux. On doit même remarquer que si le globe de feu qui apparoît souvent lors de la chûte des pierres avoit été pris dans ce cas pour une comète ,

comète, il seroit très-singulier qu'il eût duré aussi long-temps que le rapporte Pline.

Il est cependant très - remarquable que Plutarque, dans la vie de Lisandre, donne des détails du même phénomène, qui en confirment la réalité, et en rendent l'époque certaine, puisqu'il dit que, vers le temps de la victoire que ce général remporta sur les Athéniens, proche la rivière des Chèvres, il tomba du ciel une grande et grosse pierre, qui de son temps étoit encore très-révérée dans la Chersonèse.

D'après le rapport des anciens auteurs, cette chûte fut précédée, pendant soixante-quinze jours de suite, par l'apparition d'un grand corps lumineux, ressemblant à une nuée enflammée dans une agitation continuelle, et jetant des feux semblables aux météores vulgairement appelés *étoiles tombantes*. Les habitants du lieu, après s'être rassurés, s'approchèrent de l'objet qui avoit causé leur effroi, et ne trouvèrent point de feu, mais une pierre qui quoique grande, l'étoit cependant beaucoup moins que le corps lumineux ne le paroissoit.

Pline nous apprend encore qu'il étoit tombé une autre pierre à Cassandrie, ville de Macédoine, où sa présence regardée comme d'un favorable augure, attira une puissante colonie. Cette ville, située dans l'isthme qui joignoit Pallène à la Macédoine, portoit originairement le nom de Potydée, qui signifie en grec *être brûlée*, probablement à cause de la couleur brûlée et enfumée de la pierre dont la politique se servit pour y fixer des habitants. On doit donc croire que cette pierre étoit très-anciennement tombée, et qu'elle étoit encore conservée dans l'ancienne Potydée, lorsque le roi Cassandre, ayant rebâti cette ville vers l'an 315 avant notre ère, lui imposa son propre nom.

Une autre pierre tombée du ciel étoit aussi conservée dans le gymnase d'Abydos, ville de l'Asie mineure, sur le bosphore de Thrace; Pline, qui rapporte qu'elle y avoit été reçue précieusement, ne nous dit point quand elle tomba, et n'indique pas le lieu de sa chûte; on peut cependant présumer que ce fut postérieurement au sixième siècle avant J.-C., car la ville d'Abydos avoit été brûlée par Darius, 508 ans avant notre ère, lorsque ce roi vaincu par les Scythes et fuyant dans ses états, craignit d'être poursuivi par ce peuple belliqueux ; d'où nous pouvons conclure que la pierre dont parle Pline, avoit été apportée dans le gymnase de la ville qui fut reconstruite sur les ruines de l'ancienne Abydos, postérieurement à son rétablissement.

Valère-Maxime, livre I, chapitre 6, rapporte que, sous le consulat de C. Volumnius et Ser. Sulpitius, on fut témoin de divers prodiges, entr'autres d'une pluie de pierres ; comme il ne dit relativement à cet évènement, que, *in Picæno lapides pluisse*, je ne le cite ici que pour n'omettre aucun des faits parvenus à ma connoissance. Je remarquerai seulement, que dans les fastes consulaires, on trouve que l'an de Rome 293, qui correspond à l'an 461 avant J.-C., P. Volumnius-Amintinus-Gallus et Cer. Sulpitius-Camerinus étoient consuls ; c'est donc à cette époque qu'il me paroît convenable de placer les prodiges que Valère-Maxime a dit être arrivés dans le temps de ce consulat, et en particulier cette pluie de pierres, sur laquelle je n'ai trouvé aucun autre renseignement, sinon qu'elle eut lieu, vers cette époque, dans la marche d'Ancône.

Julius-Obsequens rapporte que sous le

consulat de Caïus-Martius III et Titus-Man-lius - Torquatus ( l'an 410 de Rome , ou 343 ans avant J.-C.), il tomba une pluie de pierres si considérable , que le ciel en fut obscurci, et qu'elle cacha la lumière aux habitants de la ville Rome.

De Guignes , qui a compulsé les ouvrages des anciens auteurs. chinois, nous apprend dans son voyage, que l'an 211 avant notre ère , sous le règne de Chy-Hoang-Ty , une étoile tomba jusqu'à terre , et se convertit en pierre ; ce qui me semble démontrer que cette chûte fut accompagnée de lumière.

Quoi qu'il en soit , ce phénomène frappa singulièrement les contemporains , car les habitants du lieu, voulant en profiter pour donner une leçon à l'empereur, firent graver ces paroles sur la pierre : « Chy-Hoang-» Ty est prêt de mourir , et son empire » sera divisé ; » ce qui l'irrita tellement qu'il fit massacrer tous les habitants des environs de l'endroit où se trouva la pierre, et la fit briser ensuite.

Cette cruauté lui fut funeste , car il mou-rut à la septième lune de l'année d'après ; et sous le règne de Eul-Chy-Hoang-Ty qui lui succéda , l'empire se révolta , fut divisé en une multitude de royaumes ; et la dynastie des Tsin finit deux cent sept ans avant J.-C., et trois ans après la mort de Chy-Hoang-Ty.

Le savant voyageur, de l'ouvrage duquel j'ai extrait ces détails, rapporte que cent quatre-vingt-douze ans avant J.-C., il tomba une autre pierre dans le même empire.

Il rapporte encore que quatre-vingt-neuf ans avant J.-C., à la deuxième lune, au jour Ting-Yeou, trente-quatrième du cycle, il tomba deux pierres à Yong, et que cette chûte fut accompagnée d'un tel bruit, qu'elle fut entendue jusqu'à quatre cents ly (quarante lieues) de distance ; le temps étoit, dans ce moment, calme et sans aucun nuage apparent.

Pline, que malgré notre incrédulité nous consulterons toujours avec fruit, rapporte qu'il tomba en Lucanie une pluie de fer spongieux. Cet auteur ne fait mention ni d'aucun globe de feu, ni d'aucun autre météore apparu dans cette circonstance, il dit seulement qu'elle eut lieu l'année d'avant la défaite de Crassus par les Parthes, qui, d'après J. Blair, arriva l'an 52 avant J.-C.

On trouve dans le livre V des commentaires de César, concernant la guerre d'Afrique, qui eut lieu 46 ans avant notre ère, qu'à-peu-près dans le temps de la levée du siége d'Acilla, il s'éleva, vers la seconde veille de la nuit, un violent orage avec une grêle de cailloux, dont les troupes souffrirent beaucoup, parce qu'elles n'avoient ni tentes ni casernes pour se mettre à couvert; les ténèbres et l'eau les désoloient, la nuit étoit extrêmement obscure, et les soldats couroient de tous côtés en se couvrant la tête de leurs boucliers.

De Guignes, que nous avons déjà cité, indique dans son voyage en Chine plusieurs chûtes de pierres qui eurent lieu dans ce pays, durant l'espace des trente-huit dernières années qui précédèrent notre ère.

Ainsi, la trente-huitième année avant J.-C., il tomba six pierres dans le pays de Leang, à la première lune, au jour Vou-chin, cinquième du cycle, et l'an 29 avant J.-C.; à la première lune, dans le printemps, il tomba du ciel quatre pierres, à Pô, et deux dans le territoire de Tchin-Ting-Fou; dans le printemps de l'an 22 avant J.-C., il tomba du ciel huit autres pierres;

et ce phénomène se renouvela l'an 19 avant J.-C., car il tomba encore trois autres pierres vers la cinquième lune.

Au rapport du même auteur, l'an 15 avant J.-C., à la deuxième lune, il tomba une étoile en forme de pluie. Ce fait doit-il être classé parmi les chûtes de pierres, qui souvent ont été accompagnées de lumière? ou doit-on l'assimiler aux chûtes de feu arrivées au Quesnoi, à Suffolck, et à Lessay? c'est ce que la courte citation de de Guignes ne peut nous apprendre, mais comme il peut appartenir au phénomène de la chûte des pierres, dans l'incertitude, j'ai cru devoir le citer ici.

Les auteurs chinois, consultés par de Guignes, ont encore consigné dans leurs ouvrages les chûtes de pierres suivantes. L'an 12 avant J.-C., il tomba une pierre à Tou-Kouan, à la quatrième lune : le ciel étant clair, on entendit un bruit comme de plusieurs coups de tonnerre; une grande étoile, longue de dix Tchang (cent pieds), blanche et brillante, venant du sud-est, et suivant le soleil, parut sous la forme d'une pluie de feu, et s'arrêta le soir au coucher du soleil.

Enfin, l'an 9 avant J.-C., il tomba éga-

lement du ciel, dans l'empire de la Chine,
deux pierres, et, l'an 6 avant J.-C., ce
phénomène se renouvela deux fois; car, à la
première lune, il tomba seize pierres dans
le pays de Ning-Tcheou, et, à la neuvième
lune, il en tomba deux autres à Yu.

Il est fâcheux que le travail de de Guignes, duquel j'ai extrait ces diverses citations, n'ai pas été prolongé dans des temps
postérieurs à la naissance de Jésus-Christ et
surtout que les ouvrages chinois qu'il a consultés, n'aient pas donné de plus grands
détails sur les phénomènes qui ont accompagné les diverses chûtes de pierres desquelles ils nous ont transmis les dates.

Il paroît présumable que la pierre vue
par Pline dans la terre des Vocontins, où
elle étoit depuis peu de temps, étoit tombée
près de là, à une époque peu éloignée de
celle où il la vit. Comme cet auteur célèbre
périt dans les flammes du Vésuve l'an 79
de notre ère, on peut donc placer au commencement de cette époque la chûte de
la pierre dont il est ici question.

L'an de Grâce 452, il tomba du ciel, dans
la Thrace, trois grosses pierres. On trouve
ce fait consigné dans la chronique du comte

Ammian-Marcellin , ainsi que l'a observé
Chladni dans son catalogue ; mais ce savant
a omis d'y inscrire le fait suivant qu'on
remarque parmi les fragments que Photius,
auteur du neuvième siècle, nous a conservés
de la vie d'Isidore , écrite par Damascius,
où il nous apprend que ce philosophe, vi-
vant dans le sixième siècle, avoit vu des
pierres tomber du ciel sur le mont Liban ,
et que cette chûte avoit été accompagnée
d'un globe foudroyant et lumineux.

Ce récit renfermé dans la Bibliothèque
de Photius , page 1047 , est accompagné
d'une foule d'absurdités qui prouvent à quel
point, dans ce siècle d'ignorance , des jon-
gleurs adroits savoient abuser de la crédulité
du vulgaire. On trouve surtout à la page
1062 du même ouvrage , le détail des four-
beries par lesquelles un médecin nommé
Eusèbe , sut s'attirer une grande vénération
en montrant une de ces pierres.

Comme l'ouvrage de Photius, que je cite
ici, est fort rare, et que les morceaux de
Damascius, dont j'ai extrait ce fait, m'ont
paru curieux par leur originalité, j'ai cru
devoir les rapporter ici dans leur entier.
On doit observer, en les traduisant, que l'au-

teur a employé les mots *betulia*, *bœtula*, et *betulus*, à la place de *betylus*.

Voici le texte de Photius, édition de 1653 (*Rothomagi*), page 1047, article de Damascius :

    « *Juxtà Heliopolim Syriæ, ait Ascle-*
» *piadem in montem Libani ascendisse, et*
» *vidisse multa betulia vel bœtula, de qui-*
» *bus multe prodigiosè dignaque impio*
» *ore prosequitur, dicitque se et Isidorum*
» *hæc posteà vidisse.* »

Voici encore à ce sujet le texte de Photius, page 1062 :

    « *Videram, inquit, bœtulum,* . . . .
» . . . . . . . . . . . . . . . . . .
» . . . . . . . . . . . . . . . . . .
» . . . . . *Nomen medici, qui bœtulum ges-*
» *tabat, erat Eusebius, qui etiam dixit*
» *accidisse sibi aliquandò nec opinanti su-*
» *bitum impetum errandi ab Emessá urbe,*
» *penè mediá nocte, quam longissimè ad*
» *montem illum in quo Palladis templum*
» *veteri magnificentiá conditum est, et*
» *ivisse sese celerrimè ad cacumen montis,*
» *et ibidem tanquam è via fessum dese-*
» *disse, et vidisse globum ignis celeriter*
» *decidentem, et leonem ingentem in globo*

» constitutum , et illum statim evanuisse :
» seque, igne jam extincto, ad globum cu-
» curisse, et illum tanquàm bœtulum ac-
» cepisse, et rogasse cujus dei esset, et
» respondisse illum esse Gennœi. Gennœum
» Heliopolitœ colunt, erecta quadam leo-
» nis forma in templo Jovis. Ivisse, eâ-
» dem nocte, viâ non minùs quàm decem
» et ducentorum stadiorum, ut aiebat, con-
» tinuò. Eusebius non erat dominus bœtuli
» motuum , ut alii aliorum, sed hic pete-
» bat, et orabat : ille verò locum dabat
» oraculis. Hœc, et multa similia, nugatur
» dignus profectò bœtuliis lapidibus : quin
» etiam formam ejus describit : globus qui-
» dem , inquit, egregius, colore subcan-
» dido, diametro longus palmo, sed inter-
» dùm major apparebat, interdùm minor,
» interdùm purpureus, et litteras ostendit
» nobis in lapide descriptas, idque colore
» tingabarino, ut vocant, et in muro fixit.
» Undè sciscitanti oraculum dedit, et vo-
» cem emisit è tenui fistulâ, quam in-
» terpretatus est Eusebius. Vanœ mentis
» ille alia multa miranda de bœtulo nar-
» rat. Equidem putaram diviniùs esse ora-
» culum bœtuli, Isidorus dœmonium pa-

» *tiùs esse dixit. Esse enim aliquem dœ-*
» *monem moventem illum, non unum ex*
» *admodùm malis, non omninò immate-*
» *riatis, nec omninò puris : bœtulorum*
» *alium alii incumbere, ut ille criminans*
» *dicit, deo, Saturno, Jovi, Soli, et*
» *aliis. »*

Quatremère, dans le tome II de ses mémoires sur l'Egypte, indique, page 486,
une pluie de poussière, qui, d'après la chronique syriaque d'Edesse, eut lieu l'an 742.
Comme je ne connois aucun détail sur
cet évènement, je le cite ici quoiqu'il ne
me paroisse pas certain qu'il doive se rapporter au phénomène de la chûte des
pierres.

On trouve dans l'abrégé chronologique de
l'histoire de France par Mézerai (Amster-
dam, 1696, tome I$^{er}$, et dans l'édition
in-4°, Paris, 1668, tome I$^{er}$), que l'an 823,
la naissance de Charles-le-Chauve fut pré-
sagée par un grand nombre de prodiges,
entr'autres, par une pluie de gros car-
reaux de pierre qui tombèrent avec de la
grêle, et que des hommes et des bestiaux
furent en quantité d'endroits frappés de la
foudre.

Ce fait me paroît pouvoir être rapporté au phénomène de la chûte des pierres, et c'est pour cette raison que je le place ici, quoique l'histoire de France du même auteur ( édition de 1643 à 1651, trois volumes in-folio ) n'en fasse mention que comme d'une grêle extraordinaire; mais on sait que l'abrégé chronologique de Mézerai passe pour plus exacte que sa grande histoire, et que la première édition de ce dernier ouvrage n'est plus recherchée que les autres qu'en raison des opinions hardies qu'elle renferme, et qui ne se trouvent point dans les éditions subséquentes, attendu que l'auteur fut forcé de les supprimer; mais quant aux faits, Mézerai mit de plus en plus d'exactitude, et l'abrégé fait par lui est par cette raison préférable à son grand ouvrage.

D'ailleurs ce fait se trouve encore confirmé par le père Bonaventure de Saint-Amable, qui rapporte dans les annales du Limousin, volume 3, page 305, que dans l'année 823, en Saxe, vingt-trois villages furent embrasés par le feu du ciel, et que dans la campagne les hommes et les bêtes furent assommés par de grosses pierres mêlées avec la grêle.

Quatremère rapporte, dans le tome 2 de ses mémoires sur l'Egypte, que l'auteur du Mirat-Al-Zeman nous apprend, d'après Ibn-Habib Al-Haschemi, que ce fut au mois de safar de l'année 238 de l'hégire, que Taher-Ben-Abdallah envoya au calife Montawakkel une pierre tombée du ciel dans le Tabarestan, qui pesoit huit cent quarante dirhems.

Cette chûte de pierre arriva donc vers le mois de safar de l'année 238 de l'hégire, c'est-à-dire, vers la fin de juillet, et avant la fin du mois d'août 852 de J.-C.

On trouve dans les mêmes mémoires, qu'au rapport d'Ibn-Al-Athir, en l'année 285 de l'hégire (c'est-à-dire, du 28 janvier 898 au 17 janvier 899 de notre ère), on éprouva dans la ville de Koufah un vent chargé de vapeurs jaunes, qui continua à souffler jusqu'au coucher du soleil; alors il changea, et prit une couleur noire; bientôt après il tomba une pluie violente, accompagnée de coups de tonnerre effrayants, et d'éclairs qui se succédoient sans interruption; au bout d'une heure il tomba, dans un village appelé Ahmed-Dad, et dans les environs, des pierres blanches et noires, dans le milieu desquelles étoient des rugosités. On en porta plusieurs à Bagdad, où elles furent vues de beaucoup de personnes.

L'an 318 de l'hégire ( du 3 février 930 au 24 janvier 931), on vit, à Bagdad même, une rougeur dans le ciel, et il tomba sur les toits des maisons quantité de sable rouge. Ce phénomène me semble plutôt dû à une trombe de sable qu'à une véritable chûte de pierres.

D'autres évènements analogues, arrivés postérieurement à cette époque, sont cités par Chladni d'après plusieurs auteurs dignes de foi; ainsi il rapporte, d'après Platine, que, sous le pape Jean XIII, c'est-à-dire, de 965 à 971, il tomba une pierre en Italie; et il cite encore, d'après Avicenne, deux autres chûtes analogues arrivées l'une à Burgea ou Lorge, et l'autre à Cordova en Espagne, mais il ne fait pas mention de celle arrivée dans le Djordjan, quoiqu'elle soit rapportée par le même auteur.

Abou-Ali-Houssain Ben-Abdallah, philosophe et médecin arabe, plus connu sous le nom d'Avicenne, né l'an de l'hégire 370 ( du 17 juillet 980 au 7 juillet 981 de notre ère ), a écrit sur beaucoup de sujets diffé-

rents, et a consigné dans ses ouvrages plusieurs chûtes de pierres ; il cite entr'autres
une masse de fer très-dur, du poids de plus de
vingt-quatre kilogrammes, qui tomba à Lurgea. Le même auteur vit une autre pierre sulfureuse qui étoit tombée à Cordova en Espagne ; et enfin il cite une masse considérable de fer grenu qui tomba dans le Djour-
djan ou Djordjan, ainsi que nous l'apprend
cet auteur, cité par Aboul-Feda. « De mon
» temps, dit ce célèbre écrivain, il tomba de
» l'atmosphère, dans la province de Djord-
» jan, une masse qui pesoit environ cent
» cinquante mann ; étant arrivée à terre,
» elle rebondit comme une balle lancée con-
» tre un mur, et retomba ensuite ; sa chûte
» fut accompagnée d'un bruit épouvantable :
» plusieurs personnes étant accourues pour
» en savoir la cause, trouvèrent cette masse,
» qu'elles portèrent au gouverneur du Djord-
» jan. Mahmoud-Ben-Sebektekin, sultan
» du Korasan, manda à cet officier de lui
» envoyer sur-le-champ, ou la totalité, ou
» une partie de la pierre. Comme sa pesan-
» teur en rendoit le transport impossible,
» on voulut en casser un morceau, mais la
» dureté du métal étoit si grande, qu'elle
» faisoit

» faisoit briser les outils ; en sorte que ce
» ne fut qu'avec la plus grande peine que
» l'on parvint à en détacher un fragment,
» qui fut envoyé au sultan.

» D'après les ordres de ce prince, on es-
» saya d'en forger une épée, mais on ne
» put jamais y parvenir. Suivant ce que
» l'on m'a raconté, ajoute Avicenne, cette
» masse étoit composée de petits grains
» ronds, semblables à du millet, et unis
» les uns aux autres. »

J'ai extrait ces derniers détails des mémoires sur l'Egypte par Quatremère. Ils
m'ont paru d'autant plus curieux, que les
caractères assignés par Avicenne à la pierre
tombée dans le Djordjan, sont parfaitement
convenables à plusieurs de celles de ces
mêmes masses que nous avons vu tomber
dans les derniers temps ; ce qui nous prouve
la véracité de l'auteur arabe, contemporain
de ces phénomènes, qui par conséquent ar-
rivèrent antérieurement à 1036, année dans
laquelle mourut ce savant célèbre.

En 998, il tomba deux grandes pierres,
l'une dans la ville de Magdebourg, et l'autre dans un champ voisin, situé sur les
bords de l'Elbe. Spangenberg, qui cite ce

fait dans la Chronique saxonne, rapporte
que ces pierres tombèrent pendant un orage.

L'an 464 de l'hégire ( correspondant à la
fin de 1071 et au commencement de 1072 ),
dit l'auteur du Mirat-Al-Zeman, il tomba
dans l'Irak une pluie accompagnée de grêle
et de boules de terre, qui ressembloient à
des œufs de moineaux, et avoient une odeur
agréable.

Cette chûte, dont Quatremère a fait mention, ne me paroît nullement avérée, tant
à cause des circonstances qu'il cite, que par
la nature même des boules de terre, qui ne
paroissent avoir aucun rapport avec les
pierres tombées de l'atmosphère à cause de
leur odeur agréable ; je l'indique cependant
en raison de la difficulté de se procurer des
détails sur les faits de ce genre aussi anciennement arrivés, et parce que d'ailleurs
nos connoissances relatives à la chûte des
pierres, sont encore trop peu avancées pour
que nous puissions assurer connoître toutes
les variétés des substances tombées sur la
terre. Il me paroîtroit donc téméraire de
rejeter absolument les faits de ce genre, que
nous ne saurions encore assimiler à ceux
que nous connoissons d'une manière positive.

En 1136, à Oldisleben, en Thuringe, il tomba une pierre de la grandeur d'une tête humaine. (*Spangenberg, Chr. sax.*)

En 1164, le jour de la fête de la Pentecôte, il tomba une pluie de fer en Misnie. (*Georg. Fabric. rer. Misn.*)

Ces derniers faits se trouvent cités par Chladni, et sont connus de tous les savants; mais je ne sache point que dans les catalogues des chûtes de pierres, aucun auteur ait cité celle que rapporte Henri Sauval dans l'histoire des antiquités de Paris, où il dit, d'après Rigord, qu'en juin 1198, il fit une telle tempête à deux lieues de Paris, entre Chelles et Tremblai, que tout fut renversé, et que même il tomba des pierres, les unes grosses comme des noix, les autres comme des œufs, ou même davantage.

On trouve aussi, dans la Chronique saxonne de Spangenberg, qu'en 1249 il tomba des pierres aux environs de Quedlimbourg, Battenstad, et Blankembourg, et qu'en 1304 il en tomba beaucoup d'autres à Friedberg, près la Saal.

Quatremère, que j'ai déjà cité, rapporte encore, d'après Macrizy, que le premier jour du mois de Moharram, de l'année 723

de l'hégire ( correspondant au 10 janvier
1323 ), à la suite d'une pluie et d'un vent
violent, il tomba dans les provinces des Mortahiah et de Dakhahiah, une grêle, dont
les grains pesoient plus de cinquante dirhems ; laquelle fut accompagnée de pierres,
dont plusieurs pesoient de sept à trente
rotls, qui détruisirent un grand nombre de
bourgs, et tuèrent une multitude de bœufs
et de moutons.

On trouve dans les annales du Limousin,
par le père Bonaventure de Saint-Amable
(vol. III, p. 607), qu'en 1305, le jour de
Saint-Remi, au sol des Vandales, il tomba
de la grêle dans laquelle il y avoit des pierres
embrasées de feu, qui causèrent plusieurs
incendies.

La plupart des faits précédents ne sont
indiqués que d'une manière vague, mais
cependant rien ne porte à croire qu'ils doivent être rapportés à d'autres causes que les
phénomènes analogues dont nous sommes
journellement les témoins ; mais il n'en est
pas de même du fait suivant.

En 1438, il tomba des pierres spongieuses
près de Roa, non loin de Burgos en Espagne. Proust cite à ce sujet, dans le Jour-

nal de physique, tome LX, la lettre écrite par Chibdadréal, dans laquelle ce fait mémorable est rapporté de la manière suivante :

« Le roi dom Juan et sa cour, étant à
» chasser au bas de la côte du village de
» Roa, le soleil se cacha sous des nuages
» blancs, et l'on vit descendre de l'air des
» corps qui ressembloient à des pierres gri-
» ses et noirâtres, d'un volume très-consi-
» dérable........ Après une heure que dura
» ce phénomène, le soleil reparut...... Un
» champ, qui n'étoit pas éloigné d'une
» demi-lieue, étoit tellement couvert de
» pierres de toutes grandeurs, qu'on ne dis-
» tinguoit pas le terrain. Le roi voulut s'y
» transporter, mais on l'en empêcha, et on
» lui rapporta quatre pierres d'une gran-
» deur considérable ; les unes étoient ron-
» des et du volume d'un mortier, d'autres
» comme des oreillers de lit, et comme des
» mesures de demi-fanégues ; mais ce qui
» causoit le plus d'étonnement, c'étoit leur
» excessive légèreté, puisque les plus grandes
» ne pesoient pas une demi-livre. Elles
» étoient si tendres, qu'elles ressembloient
» plus à de l'écume de mer condensée qu'à

» toute autre chose. On pouvoit s'en frap-
» per le dedans des mains sans crainte d'y
» causer ni contusion, ni douleur, ni la
» moindre apparence, etc. »

Il résulte évidemment de ce récit que les
pierres tombées près de Roa étoient d'une
nature différente de celles qui ont été examinées dans ces derniers temps; il me semble même que leur chûte ne devroit pas
trouver place dans ce catalogue, et je ne la
rappelle ici que parce qu'il paroît que ces
masses spongieuses sont tombées de l'atmosphère; je n'ai fait en cela que suivre
l'exemple du savant professeur Chladni :
mais j'avoue que pour regarder ce phénomène comme parfaitement constaté, il me
sembleroit important de pouvoir le rapprocher de quelques autres qui lui soient analogues.

C'est ici que je vais terminer cette première section, qui sera toujours, pour la
science, l'époque de l'incertitude. Une foule
d'absurdités évidentes, ou de mensonges
grossiers, ayant accompagné le récit des
évènements qui s'y trouvent consignés, il
est difficile d'en induire aucune conséquence
exacte qui puisse servir à déterminer la cause

du phénomène dont nous nous occupons ici ; mais cependant nous pourrons en conclure plusieurs vérités importantes :

1° Que le phénomème de la chûte des pierres a eu lieu très-souvent ;

2° Qu'il a eu lieu dans tous les temps, et même dans les siècles les plus reculés dont les monuments historiques nous aient conservé le souvenir ;

3° Qu'il a eu lieu dans tous les pays, et a été observé chez tous les peuples civilisés ;

4° Qu'il a frappé d'autant plus les peuples qui en ont été les témoins, que l'intérêt et la politique surent en profiter ;

5° Qu'enfin, embelli par la mauvaise foi ou par la superstition, il a été regardé comme un prodige par les auteurs qui n'en ont pas nié la réalité, jusqu'au milieu du quinzième siècle, temps auquel va commencer la seconde section de l'histoire de ce phénomène remarquable.

## DEUXIÈME SECTION

UN des faits les plus remarquables et les mieux constatés, parmi les nombreuses chûtes de pierres qui eurent lieu dans les derniers siècles, est la chûte de la pierre tombée à Ensisheim le 7 novembre 1492, près Maximilien 1er, alors roi des Romains, et depuis empereur, en 1493. Dans un rescrit, daté d'Ausbourg, le 12 novembre 1503, ce prince cite cette pierre, qu'il dit être tombée près de lui, lorsqu'il étoit à la tête de son armée, à laquelle il la donna comme un présage de la victoire qu'il alloit remporter contre les Français. Brant fit de ce phénomène le sujet de quelques poésies; et quelques auteurs ont attribué à ce fait extraordinaire le changement qui s'opéra à cette époque dans la conduite de Maximilien. C'est donc par erreur que Muschenbroeck, dans ses Essais de physique, indique cette chûte comme arrivée en 1630.

Voici un extrait de la traduction littérale d'une notice allemande sur la pierre d'Ensisheim, qui se trouvoit autrefois avec elle dans l'église paroissiale de ce lieu.

« L'an 1492, le 7 novembre, arriva un

» miracle singulier, car entre les onze heu-
» res et midi, il advint un grand coup de
» tonnerre, et un long fracas qu'on enten-
» dit à une grande distance, et il tomba
» dans le bourg d'Ensisheim, une pierre
» pesant deux cent soixante livres. Un en-
» fant la vit frapper dans un champ situé
» dans le banc supérieur, vers le Rhin et
» l'In, près du canton dit Gisgaud, où elle
» fit un trou de plus cinq pieds de pro-
» fondeur. On en détacha d'abord des mor-
» ceaux, ce qui fut defendu par le Land-
» wogt, et elle fut transportée dans l'église
» comme un objet miraculeux.

» Le bruit s'étoit entendu à Lucerne, à
» Villing, et en beaucoup d'autres endroits,
» avec tant de force, qu'on crut que des
» maisons venoient d'être renversées. Le roi
» Maximilien, étant à Ensisheim, fit por-
» ter au château la pierre qui étoit tombée
» avec tant de fracas, et défendit d'en ôter
» aucun morceau, hors deux, dont il garda
» l'un, et envoya l'autre au duc Sigismond
» d'Autriche, et enfin il ordonna de la sus-
» pendre dans l'église où on la voyoit atta-
» chée avec une chaîne à la voûte du chœur. »
*Irithemius in Chronico Hirsangiensi*

*M. S.*, écrit en 1590 , rapporte ce fait , et dit que dans le village Simtgaw , auprès du bourg d'Ensisheim , non loin de Bâle , en Allemagne , il tomba , le 7 novembre 1492 , une pierre pesant deux cent cinquante-cinq livres , qui se cassa en deux morceaux , dont on voyoit de son temps le plus considérable suspendu , avec une chaîne de fer , à la porte de l'église d'Ensisheim.

On trouve aussi le même fait , rapporté par Paulus-Lang *in Chronico Cizizense* , où il dit également que , le 7 novembre 1492 , il s'éleva un orage durant lequel le ciel parut tout en feu , et que tandis que le tonnerre grondoit , il tomba , près le bourg d'Ensisheim , une pierre d'une grosseur prodigieuse , avec un fracas horrible.

Cette pierre étoit de la forme triangulaire d'un *delta*. Au rapport de J. Lintarius , son poids étoit de trois cents livres et plus ; elle étoit dure et de différentes couleurs , et tomba , avec un très-grand bruit , d'un nuage brillant et enflammé , tandis que le reste de l'horizon n'offroit aucun autre nuage ; il ajoute que dans ce moment , le ciel étant toujours serein , on aperçut autour de la lune une grande *croix rouge*.

On peut voir que, dans ces deux derniers récits, le fait commence à prendre une tournure merveilleuse, et que les circonstances différentes de la première relation conservée dans l'église même d'Ensisheim, en deviennent d'autant moins prouvées. D'ailleurs ces derniers historiens n'étoient ni témoins oculaires, ni même contemporains. Il est d'abord contradictoire que le premier rapporte qu'il s'éleva un orage pendant lequel le ciel parut tout en feu, et que le dernier dise au contraire que la pierre tomba d'un nuage brillant et enflammé, tandis que le reste de l'horizon n'offroit aucun nuage ; il est d'ailleurs très-remarquable que la relation annexée à la pierre ne fasse aucune mention ni du ciel en feu, dont parle Paul Lang, ni du nuage enflammé, d'où Lintarius a fait sortir la pierre ; aussi M. de Drée classe-t-il cette chûte de pierre parmi celles qui ont eu lieu par un temps serein et sans tonnerre.

Quoi qu'il en soit, il est certain qu'un morceau de la pierre dont il est ici question, pesant cent soixante-onze livres, fut conservé et suspendu, jusqu'à la révolution, dans l'église d'Ensisheim, et transporté depuis dans la bibliothèque publique de Colmar.

Le professeur Bartholdt fut le premier qui eut l'avantage de fixer l'attention des savants modernes sur cette pierre, qu'il ne décrivirent qu'après lui. Elle est d'une couleur gris - bleuâtre ; renfermant des portions de pyrithe jaunâtres, et d'autres de fer de couleur grise ; sa cassure est irrégulière, grenue, un peu terreuse, et fendillée ; elle ne fait point feu au briquet ; sa contexture est lâche ; elle se laisse entamer au couteau, et se réduit en poussière d'un gris - bleuâtre et d'une odeur terreuse ; et enfin elle renferme quelques particules métalliques qui résistent au pillon : sa pesanteur spécifique est de 3,2332.

Je ne rapporterai pas l'analyse qu'il en fit, attendu que les expériences de Vauquelin et Fourcroi en ont démontré la fausseté. Les conclusions qui la terminent ne sont pas plus exactes, car Bartholdt, après avoir regardé comme fabuleuse l'origine de cette pierre, la compare à une espèce de roche de corne, dans son mémoire qui a été imprimé dans le tome L du Journal de physique.

M. de Drée, savant minéralogiste, qui

a publié dans un mémoire très-intéressant
la plupart des détails que je viens de donner sur cette pierre, remarque que sur les
échantillons qui lui furent envoyés par M.
F. Despotes, préfet du département du
Haut-Rhin, on reconnoît la croûte noir-
brunâtre, vitrifiée dans les espèces de cavités
qui ont été à l'abri du choc et du frottement;
et que cette pierre renferme des grains de
fer malléable contenant du nickel; du sulfure de fer lamelleux, blanchâtre, en rognons et en grains; et du sulfure de fer gris
moins sulfuré, en couches minces, écailleuses, tapissant une multitude de petites
fissures qui traversent la pierre en tous sens.

Les caractères de la pierre d'Ensisheim
sont d'être d'un gris d'ardoise sans éclat,
renfermant des parties lamelleuses brillantes; sa structure est celle d'un gneiss
schisteux, composé de parties pierreuses grenues, d'un gris-blanchâtre, entremêlé de
feuillets minces d'une substance fissile d'un
gris d'ardoise, et de grains de fer pur et de
fer sulfuré; ce dernier se voit aussi en lames superficielles sur les feuillets gris, sa
contexture est granulaire et fissile, sa cassure est inégale sur la tranche, et plus

lamelleuse dans le sens des feuillets. Cette pierre est tenace, aride au toucher, et sans odeur argilleuse; enfin elle fait varier l'aiguille aimantée, et essayée au chalumeau, la substance grise se noircit et se fritte.

Sage rapporte, dans le journal de Physique, qu'il possède un échantillon de cette pierre renfermant une veine de nickel, remarquable par sa couleur gris-rougeâtre; il met l'alumine au nombre de ses éléments.

Mais Fourcroi, dans un rapport fait par Vauquelin et lui, à la séance publique de l'Institut, le 28 fructidor an 11, après avoir remarqué que la pierre d'Ensisheim, renferme de petits filons de sulfure de fer et de nickel gris et brillant, observe qu'il n'y a pas rencontré de globules de fer très - sensibles; et nous apprend que cent parties lui ont donné à l'analyse,

Silice. .    56,0
Fer oxidé 3o,0
Magnésie  12,0
Nickel. .    2,4
Soufre. .    3,5
Chaux. .    1,4
———————
TOTAL. . . . 1o5,3

Les 5,3 d'augmentation doivent être attribués à l'oxydation du fer pendant l'opération. Depuis cette analyse, Klaproth a découvert un cinquième pour cent d'alumine dans cette pierre, ainsi qu'on le voit dans le tome 70 des annales de chimie.

On trouve dans le bulletin de la société Philomatique de mai 1810, qu'en 1496, le 28 janvier, il tomba trois pierres entre Cezena et Bartonari. Ce fait est consigné dans l'ouvrage de Sabellicus. (*Hist. ab urbe conditâ. Enneas* 10. *Lib.* 9. *Parisiis* 1513, *tom.* 2 *, f.* 341.)

Un autre fait de même genre se trouve aussi indiqué par Mercati dans le chapitre XIX du livre 15 de son ouvrage, intitulé *Metallotheca Vaticana :* il y est dit que la chûte d'une pierre eut lieu dans le pays qui borde l'Adda, peu d'années auparavant la grande pluie de pierres de 1510, de laquelle il va être question.

Cardan rapporte, au sujet de cette dernière, qu'en 1510, on vit tomber du ciel, près Crema, non loin de la rivière Adda en Italie, une grande pluie de pierres, dont le nombre fut d'environ douze cents. Une d'elles pesoit cent vingt livres, une autre

soixante, et les autres un peu moins. Avant
leur chûte, il avoit paru un grand feu en
l'air qui avoit duré près de deux heures.
Elles tombèrent avec sifflement comme d'un
tourbillon enflammé ; elles avoient la couleur brune du fer, une odeur sulfureuse,
et étoient une dureté extraordinaire.

Sans prétendre infirmer ici le récit de
Cardan, qui me paroît d'autant plus exact
que les caractères qu'il assigne à ces pierres
se rapportent très-bien à ceux des autres
pierres tombées du ciel, je crois devoir observer qu'il est singulier que dix-huit ans
après l'évènement arrivé à Ensisheim, et
dans un temps où ce fait mémorable étoit
encore si récent, la pluie de douze cents
pierres, en un seul lieu, ait fait si peu de
bruit dans le monde savant, à l'époque où
Laurent de Médicis, surnommé le Père des
Lettres, les avoit naguère rendues si flo-
risantes, dans cette même Italie, où Cardan
rapporte que ce fait eut lieu, et dans le temps
même où vécurent l'Arioste, Machiavel,
et tant d'autres gens célèbres. Je crois donc
que l'on peut présumer, sans témérité, que
le fait avancé par Cardan a été augmenté,
et que toutes ses circonstances ne sont pas
exactes,

exactes, surtout l'apparition d'un grand feu, qu'il dit avoir été vu en l'air deux heures de suite; espace de temps qui ne s'accorderoit nullement avec les faits de ce genre constatés jusqu'à ce jour. Ce fait se trouve cependant rapporté de la même manière dans le *Metallotheca Vaticana* de Mercati, qui dit que l'on porta de ces pierres à la cour de France.

Mercati rapporte aussi qu'il tomba, dans une plaine entre Cicuic et Quivira, dans la nouvelle Espagne, des pierres de la grandeur de coins; fait qui se trouve confirmé par Cardan, dans le livre XVII de son ouvrage, intitulé *de rerum Varietate*, dont l'édition originale fut imprimée en 1557; d'où nous conclurons que ce phénomène est antérieur à cette époque, quoiqu'il fut alors très-récent, la province de Honduras dans laquelle il eut lieu, n'ayant été découverte qu'en 1502 par Christophe Colomb, lors de son quatrième voyage. Il est donc évident que cette chûte doit être placée vers le commencement du seizième siècle.

Je ne puis cependant m'empêcher d'observer ici que ce fait n'est rien moins qu'avéré, car le savant voyageur Humboldt observe dans une note ( tome IV, page 107, de l'édition in-8° de son Essai politique sur la nouvelle Espagne ), que l'on ignore aujourd'hui la position géographique de Cicuic et de Quivira, et que ces noms rappellent les fables du Dorado de l'Amérique méridionale : j'ai cependant cru devoir indiquer cette prétendue chûte de pierres , parce que Cardan , Mercati, et Chladni l'ont citée.

Le père Bonaventure de Saint-Amable rapporte le fait suivant (Ann. du Limousin, vol. III , pag. 746) : « le 4 septembre 1511,
» à Crême, en Lombardie, pendant un orage
» épouvantable, il tomba dans la plaine des
» pierres d'une grosseur considérable ; six de
» ces pierres pesoient cent livres. On en porta
» une à Milan, qui pesoit cent dix livres. Leur
» odeur étoit semblable à celle du soufre.
» Des oiseaux furent tués en l'air , des brebis
» dans les champs, et des poissons dans l'eau. »

Il me paroît évident que ce fait est le même que celui que Cardan rapporte comme arrivé en 1510. Ce dernier auteur, écrivant sur les lieux, et peu de temps après cette chûte dont il fut contemporain , on doit croire que la date qu'il donne est plus exacte que celle rapportée par le père Bonaventure.

Au surplus, cette époque fut féconde en phénomènes de ce genre, car, d'après Albini Mesnische, il tomba au commencement du seizième siècle, une grande masse de fer dans une forêt près de Neuhof, entre Leipsick et Grimme ; et le père Bonaventure de Saint - Amable rapporte ( Annales du Limousin , vol. III, pag. 769 ) le fait suivant :

« L'an 1540, le 28 avril, il y eut une vio-
» lente tempête, accompagnée de tonnerre
» et de grêle ; elle dura dix jours, dévastant
» les différentes contrées du Limousin. Dans
» la paroisse des Eglises, il tomba avec la
» grêle une pierre plus grosse qu'un baril,
» qui entra dans la terre à la profondeur
» de deux aunes, et on la retira de ce trou
» avec des barres de fer. Il tomba aussi plu-
» sieurs autres pierres grosses comme des
» œufs. »

Ce rapport paroît d'autant plus vrai, que les autres faits de même nature cités par le même auteur, sont rapportés semblablement par d'autres historiens, à quelques très - légères différences près dans les dates.

Il me paroît donc qu'on doit ajouter foi à cette citation, qu'Izarn et Chladni n'ont point indiquée dans leurs ouvrages. M. Alluaud, savant minéralogiste, auquel je dois la connoissance de ce fait, se propose de faire des recherches à ce sujet dans la paroisse des Eglises, peu éloignée de Limoges où il fait sa résidence habituelle. Il seroit bien curieux que le hasard lui fit rencontrer quelques-unes des pierres citées par le père Bonaventure, près de trois siècles après leur chûte.

Mercati nous apprend que dans une partie du Piémont, on vit tomber du fer du ciel, trois ans environ avant l'époque où le duc de Savoie, père d'Emmanuel, fut dépouillé de ses états par le roi de France, et où il les recouvra par le secours de l'empereur Charles-Quint; ce qui détermine le temps de cette chûte de 1540 à 1550.

Beaucoup d'autres faits semblables eurent lieu dans ce même temps, car d'après Spangemberg, le 6 novembre 1548, il tomba à Mansfeld, en Thuringe, une masse noirâtre.

Et le même auteur rapporte que le 19 mai 1552, il y eut beaucoup de dégats occasionnés aux environs de Schleusingen, en Thuringe, par une pluie de pierres, desquelles l'auteur apporta quelques-unes à Eisleben.

Chladni rapporte encore ( d'après *Nic. Isthuanhi. Hist. Hungar.*) qu'il tomba en 1559, cinq pierres ou masses de fer, près de Miskoz, en Transilvanie, pendant une horrible tempête accompagnée de tonnerre et d'une grande commotion de l'air. La grosseur de ces pierres, dont quatre sont conservées au trésor de Vienne, est à-peu-près celle de la tête d'un homme ; elles sont très-lourdes, leur teinte est le jaune pâle couleur de rouille, et elles répandent une odeur de soufre très - forte. J'observerai à ce sujet que probablement ce dernier caractère est inexactement rapporté dans l'excellent mémoire de de Drée, attendu qu'il est bien vrai que les pierres qui tombent sur la terre répandent une forte odeur au moment de leur chûte, mais qu'elles ne la conservent pas long-temps ; aussi Chladni dit-il qu'elles sentoient fortement le soufre, et non pas qu'elles le sentent maintenant.

Anselme Boèce de Boot rapporte, dans le livre second, chapitre CCLX de son

Traité des pierres et pierreries, que plusieurs personnes dignes de foi assurent avoir trouvé des pierres de tonnerre à l'endroit même où le coup avoit frappé; il dit, entr'autres choses, que Keutmannus raconte qu'il tomba une pierre (*ceraunia*) à Torga, le 17 mai 1561, laquelle étant tirée de terre, étoit de la largeur de trois doigts, et longue de cinq, et plus dure que le basalte dont on se sert en divers lieux d'Allemagne en guise d'enclume.

Le même auteur rapporte que proche la citadelle Julia, il trouva une pierre de même nature qui étoit tombée sur un grand chêne, et que dans le bourg de Siplitz, une seconde pierre tomba sur une autre chêne, d'où elle fut retirée et donnée en présent au questeur de Torga.

Boèce de Boot a tiré cette citation de l'ouvrage de Conrad-Gesner, auteur estimé, qui rapporte avec exactitude la chûte de la pierre tombée à Ensisheim en 1492: on peut donc la regarder comme véritable.

J'observerai ici que la dureté de la pierre tombée à Torga, paroît devoir faire présumer qu'elle étoit très-métallique et probablement de l'espèce des masses de fer natif reconnues de même origine ; au surplus on sait que souvent les pierres tombées présentent une assez grande ténacité, et la croûte noire qui les entoure aura encore rendu plus remarquable leur ressemblance avec les basaltes, qui sont des pierres noires très-pesantes.

Les faits de ce genre semblent s'être multipliés dans le seizième siècle ; ainsi Gilbert cite dans ses Annales, la pluie de pierres qui tomba le 1er mars 1564, entre Malines et Bruxelles ; et d'après la Chronique de Thuringe, il tomba dans ce pays, le 26 juillet 1581 , entr'une heure et deux heures après midi, une masse pesant trente-neuf livres qui fut portée à Dresde. Sa chûte eut lieu par un ciel serein, à la réserve d'un petit nuage clair ; elle fut accompagnée d'un violent bruit de tonnerre qui fit trembler la terre. Au même moment l'on aperçut une petite lumière dans le nuage, et la pierre en tombant s'enfonça dans la terre, à la profondeur de trois quarts d'aunes, en la faisant rejaillir à une grande hauteur : elle étoit si chaude lorsqu'on la retira, que personne ne put la toucher. Sa couleur étoit bleu brunâtre ; et quand elle fut refroidie, elle étoit assez dure pour faire feu au briquet.

Mercati, pag. 248 de son ouvrage intitulé *Metallotheca Vaticana*, rapporte que le quatrième jour avant les ides de janvier 1583, c'est-à-dire, le 9 janvier 1583 (et non le 12 janvier, ainsi que le dit Chladni, les ides de janvier étant le 13 de ce mois), quelques habitants de la ville de Castrovillari, en Calabre, étant à se promener sur un lieu élevé, distant de cette ville d'environ cinq cents pas, aperçurent dans l'air, par un temps serein, une espèce de trombe noire qui descendoit du ciel avec une grande rapidité, et qui en tombant près du lieu où ils étoient, fit un si grand bruit, qu'ils en furent renversés presque morts de frayeur. Un grand nombre de personnes s'étant rassemblées dans ce lieu, aperçurent une grosse pierre que la trombe avoit lancée et brisée en morceaux autour d'une fosse creuse de trois coudées. Cette masse semblable à du fer, et du poids de trente livres, fut vue par tous les habitants de Cosentia, l'une des villes les plus considérables du royaume de Naples.

Mercati rapporte , à la suite de la citation précédente , que la même année, le cinquième jour avant les nones de mars ( c'est-à-dire , le 2 mars 1583 ), dans une partie du Piémont voisine des Alpes , on vit un nuage enflammé , qui s'étant avancé vers l'orient à la distance d'une journée de chemin , s'embrasa tout-à-fait ; alors, quoique le ciel fut serein , une vapeur semblable à la fumée sortit du nuage avec un grand fracas , et il tomba une pierre qu'on apporta à Emmanuel , duc de Savoie et souverain de la contrée où avoit été observé ce phénomène. Cette pierre étoit de la grosseur et de la forme d'une grenade ; on la disoit tombée de ce nuage ; et elle étoit d'une matière assez semblable à celle qu'on avoit vue en Calabre. Cet évènement fut annoncé à Rome par des personnes dignes de foi.

Chladni cite aussi, à-peu-près dans le même temps, plusieurs autres phénomènes de ce genre. Le premier, d'après Imperati, eut lieu en Italie en 1585, et fut accompagné de la chûte d'une pierre pesant trente livres ; un autre, rapporté par Angelus ( *in Annal. March.* ), arriva le 9 juin 1591, près de Kunersdorff, où il tomba de grandes pierres ; enfin les jésuites de Coïmbra, dans leurs remarques à la Météorologie d'Aristote, rapportent qu'en 1603 il tomba une pierre qui contenoit des veines métalliques, dans le royaume de Valence, en Espagne.

Une circonstance très-remarquable dans l'histoire des progrès des connoissances humaines, qui prouve combien est dangereuse la manie de vouloir tout expliquer, et de taxer inconsidérément de faux ce qui nous paroît inexplicable, c'est que les peuples que nous regardons comme barbares, constatoient dans le milieu du dix-septième siècle l'existence des chûtes de pierres, dans ce même temps où sous le règne de Louis XIII les savants protégés par Richelieu, s'occupant à faire des systêmes, rejetoient la connoissance des faits qui ne pouvoient cadrer avec leur manière de voir. Le récit du savant Gassendi, l'un des plus célèbres d'entr'eux, eût cependant dû fixer leur attention, mais le siècle des Galilée, des Van-Helmont, des Descartes, des Hervey, des Pascal, des Linnœus, et de tant d'autres hommes célèbres, étoit encore trop voisin de la renaissance des lettres, pour que les savants fussent assez instruits pour convenir de ce qu'ils ignoroient.

D'Gehan - Guir, empereur du Mogol, rapporte dans ses mémoires écrits en persan par lui-même, et traduits en anglais par le colonel William-Kirk-Patrick, possesseur d'un exemplaire de ces mémoires, que dans la matinée du 3o de furverdeen de l'année 1030 ( correspondant à la fin de l'année 1620 * ), il se fit entendre à l'est, dans un village du Purgunah de Jalindher ( ** ), un bruit tellement fort, qu'il priva presque les habitants de leurs sens. Ce bruit fut accompagné de la chûte d'un corps lumineux : bientôt après on reconnut que, sur une distance d'environ dix ou douze guz carrés ( à peu près cent dix mètres carrés ), le sol avoit été brûlé à un tel

----

(*) Et non pas en 1652, ainsi que l'indique Chladni, qui a copié une faute d'impression qui se trouve également dans une note de M. de la Métrie, insérée dans le Journal de physique, sans faire la remarque que d'Gehan - Guir, mort en 1627, n'eût pu écrire un fait arrivé en 1652.

(**) A la distance d'environ cent milles de Lahor, ville de l'Inde, l'une des plus considérables de l'empire du Mogol.

point, qu'il n'y restoit pas la moindre trace de verdure, et que la chaleur qui lui avoit été communiquée duroit encore à la superficie. En creusant la terre en cet endroit, la chaleur augmentoit de plus en plus, à mesure que l'excavation s'approfondissoit ; on aperçut enfin une masse de fer, dont la chaleur étoit telle qu'on eût dit qu'elle sortoit d'un fourneau ; elle se refroidit quelque temps après, et fut envoyée à la cour dans un paquet cacheté.

D'Gehan - Guir rapporte qu'il fit peser cette masse devant lui, et que son poids fut trouvé de cent soixante tolas ( environ deux kilogrammes et demi ). Il chargea un ouvrier habile d'en faire des armes ; ce qui ne put être exécuté sans addition de fer, parce que cette masse pure n'étoit pas malléable. Conformément à cet ordre, trois parties du fer de foudre furent mêlées à une de fer commun, et on en fabriqua deux sabres, un couteau, et un poignard, dont les lames étoient aussi élastiques et coupoient aussi bien que celles des meilleurs sabres, ainsi que le démontra l'essai que l'empereur en fit faire en sa présence.

Gassendi, dont on connoît l'exactitude

et les connoissances profondes, rapporte que le 27 novembre 1627, le ciel étant très-serein, il tomba sur les dix heures du matin, sur le mont Vaiser, entre les villes de Guillaume et de Pernes en Provence, une pierre enflammée, qui paroissoit avoir quatre pieds de diamètre. Elle étoit entourée d'un cercle lumineux de diverses couleurs, à peu près comme l'arc-en-ciel. Sa chûte fut accompagnée d'un bruit semblable à celui de plusieurs coups de canon réunis. Cette pierre étoit tellement chaude en tombant, qu'elle fondit la neige à cinq pieds de distance; elle forma un trou de trois pieds de profondeur sur un pied de large. Elle étoit de la grosseur de la tête d'un veau, et pesoit cinquante-neuf livres; sa couleur étoit obscure et métallique, et sa dureté très-considérable; sa pesanteur étoit à celle du marbre ordinaire, comme quatorze est à onze, ce qui donne pour sa pesanteur spécifique environ 3,6 : analogie parfaite avec celle des pierres tombées à l'Aigle, et des autres de même nature examinées dans ces derniers temps.

Ce phénomène eut pour témoin deux personnes qui étant à la campagne, virent au-

dessus du mont Vaiser une pierre enflammée qui passa à environ cent pas d'elles,
à cinq toises d'élévation au-dessus de terre ;
elle faisoit un sifflement pareil à celui d'un
feu d'artifice, répandoit l'odeur du soufre
brûlé, et tomba à trois cents pas du lieu
où elles étoient : il parut une grande fumée
en cet endroit, et l'on entendit aussi comme
quelques coups de mousquet. Cette chûte
avoit été précédée de plusieurs autres coups
semblables à ceux du canon, dont deux
et surtout le dernier, furent plus remarquables que les autres, par le grand bruit
qu'ils firent.

J'observerai, relativement au cercle lumineux cité par Gassendi, qu'il paroît dû
à l'état d'incandescence, et peut-être de
vaporisation d'une partie des principes de
la pierre, et non à un véritable météore.
Il est parfaitement constaté qu'un grand
nombre de pierres tombées étoient très-
chaudes au moment de leur chûte, et il
suffit d'admettre que cette chaleur a été
portée quelquefois jusqu'à l'incandescence,
pour que dans ces circonstances les pierres
aient paru lumineuses à ceux qui les ont vu
tomber de très-près. L'air plus ou moins

chargé de vapeurs, aura encore pu rendre cette apparence plus trompeuse, et quelquefois l'obscurité ou des circonstances locales auront pu produire une illusion plus complète.

Il seroit trop long de rapporter ici les détails relatifs à toutes les chûtes de pierres qui vers la fin de cette seconde section, ont été constatées par les historiens, je vais donc me contenter d'énoncer celles qui sont venues à ma connoissance, ainsi je dirai seulement ici que Francesco Carli rapporte que le 21 juin 1635, il tomba une grande pierre à Vago en Italie; que Lucas (*Chron. Siles.*) nous apprend que le 6 mars 1636, à six heures du matin, par un temps serein, il tomba une grande pierre entre Sagau et Dubrow, et que sa chûte fut accompagnée d'un grand bruit : cette pierre étoit revêtue d'une espèce de croûte, et ressembloit intérieurement à un minerai métallique ; elle étoit extrêmement friable, et paroissoit avoir subi l'action du feu. Cette fragilité la distingue des autres pierres de même origine, et est très-remarquable.

On trouve, dans les Annales de Gilbert,

qu'en 1647, il tomba des pierres dans le village de Stolzenau, en Westphalie.

On trouve encore un fait analogue dans
le nº 36 des Annales des voyages publiés par
Malte-Brun ; dans la notice qu'il donne sur
le voyage d'Olof-Ericson Wilmann, il rapporte que ce marin, après être entré au
service de la Compagnie des Indes orientales en 1647, suivit l'ambassade hollandaise
à la capitale du Japon, et revint en Sicile
en 1654, et que, tandis qu'il étoit en mer,
le navire qui le portoit voguant à pleines
voiles, une boule qui pesoit huit livres,
tomba sur le pont, et tua deux hommes
de son équipage. Malte-Brun dont les profondes connoissances sont reconnues, remarque avec raison que depuis que la chûte
des pierres a été constatée, on doit faire attention aux faits de ce genre, qui naguère
nous eussent paru très-apocryphes.

Arnold Sanguerd rapporte que le 6ᵉ août
1650, il tomba une pierre à Dordrecht.
( Voy. Catalogue de Chladni. )

Bartholin nous apprend que le 3 mars
1654, il tomba une pluie de pierres dans l'île
de Fune ou Fionie, dépendance du Danne-
marck,

marck, à l'entrée de la mer Baltique, entre les 55° et 56° de latitude nord.

James Wallace ( *Account of the islands of Orkney, London* 1700 ) rapporte que quelques années avant l'époque à laquelle il écrivoit, une pierre tomba sur un bâtiment de pêcheurs, à une demi-lieue de Copinsha, l'une des îles Orcades, par environ 59° de latitude nord.

Je crois devoir faire remarquer que ce fait a beaucoup d'analogie avec celui rapporté par Olof-Ericson Wilmann. L'un et l'autre étant arrivés à des époques très-rapprochées, et les deux chûtes ayant eu lieu sur des bâtiments en mer, ne seroit-il donc pas possible que l'un des deux ait copié et dénaturé la relation de l'autre ? Et dans ce cas, James Wallace étant postérieur, pourroit seul être regardé comme copiste. Je ne donne cependant cette remarque que comme une simple présomption, d'après laquelle je ne me suis pas cru suffisamment autorisé à supprimer cette dernière citation qui peut être très-véridique.

Chladni rapporte, d'après le père Ange de Saint-Joseph, qu'en 1667, il tomba des pierres à Schiras, en Perse. Il ajoute encore

que cette relation est accompagnée de circonstances peu vraisemblables.

Ce fait est tiré du *Gazophilacium linguâ
Persarum* du père Ange de Saint-Joseph,
de Toulouse, missionnaire apostolique, et
supérieur des missions orientales des Car-
mes - déchaussés, en 1662. Voici un extrait
de la traduction de cet ouvrage, que je dois
à la complaisance du savant Tonnellier,
conservateur de la collection de la Direction
des mines de l'empire :

« En l'année 1667, la maison de madame
» Esnic-Han, à Schiras, fut maltraitée par
» le fléau de plusieurs pierres qui tombèrent
» continuellement pendant quatre jours.
» Elles étoient lancées dans plusieurs direc-
» tions différentes par une force invisible;
» quelques-unes étoient aussi grosses que la
» tête d'un homme; et elles ne ressembloient
» à aucune de celles qui se rencontrent à
» trente lieues à la ronde. »

Cette relation est accompagnée de plusieurs autres circonstances merveilleuses et
invraisemblables, qui prouvent que ce fait
a été au moins embelli, car elle indique
que ces pierres en tombant ne firent aucun
mal aux personnes qui se trouvèrent dessous,

et que même les vases de terre sur lesquels elles tombèrent n'en furent point cassés.

En 1672, Legallois fit imprimer un petit ouvrage sous le titre de Conversations tirées de l'Académie de l'abbé Bourdelot, contenant diverses recherches et observations physiques. On trouve dans cet ouvrage (ainsi que le remarque F. Butenschœn, dans le Moniteur du 2 nivôse an 11), une notice sur deux pierres tombées près de Vérone, dont l'une pesoit trois cents livres et l'autre deux cents livres. Ces pierres tombèrent dans la nuit, pendant le temps le plus doux et le plus serein; elles paroissoient tout en feu et venoient d'en haut, mais de biais, et avec un bruit épouvantable.

Trois ou quatre cents personnes, témoins de ce prodige, en furent singulièrement étonnées. Le bruit et la flamme ayant cessé après la chûte de ces pierres, on approcha de la fosse qu'elles avoient creusée, et on les porta à Vérone, où elles furent conservées dans l'Académie de cette ville, qui en envoya des morceaux dans plusieurs endroits. La même relation indique que ces pierres étoient de couleur jaunâtre, fort aisées à pulvériser, et qu'elles sentoient le soufre.

Depuis que le professeur Butenschœn a fixé l'attention des savants sur cette chûte de pierres remarquable, Laugier a examiné un fragment de l'une des pierres tombées à Vérone, dans lequel il a retrouvé les mêmes principes que dans les autres pierres de semblable origine ; mais ayant varié dans la méthode d'essai employée jusqu'à lui en pareilles circonstances, il a reconnu pour la première fois l'existence du chrôme dans ces sortes de pierres ; et bientôt appliquant le même mode d'analyse par les alcalis à plusieurs autres pierres tombées, il put en conclure que le chrôme en faisoit partie. Le mémoire dans lequel sont consignées ces observations, est inséré dans le tome VII des Annales du Muséum d'histoire naturelle.

Il s'est glissé plusieurs erreurs de dates dans les citations qui ont été faites de la chûte des pierres tombées à Vérone. De la Métherie, dans le tome LXVI du Journal de physique, indique 1762, au lieu de 1672, et dans le tome I^er de la traduction du Dictionnaire de chimie de Klaproth, il est dit que cette chûte eut lieu en 1663.

Scheuchzer rapporte que le 6 octobre 1674, il tomba deux grosses pierres dans le canton de Glarus, en Suisse. ——

Balduinus, dans le *Miscell. nat. curios.*, année 1697, nous apprend que le 28 mai 1677, il tomba beaucoup de pierres près d'Ermendorf, non loin de Grossenhayn, en Saxe. Chladni observe que, d'après l'analyse de cet auteur, on pourroit croire qu'elles contenoient du cuivre : métal qui n'a pas encore été rencontré dans les pierres atmosphériques.

On trouve dans le Bulletin de la Société philomatique de mai 1810, que le 13 janvier 1697, il tomba près de Sienne, dans un endroit nommé Pentolina, des pierres semblables aux autres de même origine.

Scheuchzer nous apprend encore qu'en 1698, il tomba avec un grand bruit une pierre noire, dans le canton de Berne, près du village de Waltring ; on déposa à cette occasion, dans la bibliothèque de Berne, une masse que Chladni ne croit pas la même.

Tandis que Paul Lucas étoit à Larisse, en Thessalie, il tomba du ciel, au mois de janvier 1706, une pierre pesant en-

viron soixante - douze livres ; elle sentoit
le soufre et ressembloit au mâchefer. On
la vit venir du côté du nord avec un sifle-
ment aigu , et elle parut ensuite au centre
d'un petit nuage qui se fendit avec un grand
bruit au moment où la pierre tomba. Paul
Lucas raconte ce fait dans son voyage ,
et depuis il a été cité par plusieurs autres
auteurs , entr'autres par l'abbé Richard,
dans le tome VIII de son Histoire de l'air et
des météores.

D'après Stepling ( *de Pluviâ lapideâ* ),
il tomba une pluie de pierres près de
Plescowitz, en Bohême. Ce fait est rapporté dans le tome LVI du Journal de physique, où il est dit d'après le docteur Rost,
que le 22 juin 1723 , à environ deux
heures de l'après-midi, à plusieurs milles
de Reischtadt, on vit un petit nuage, le ciel
étant d'ailleurs serein , et qu'en même
temps il tomba dans un endroit, après un
éclat très-fort , vingt-cinq pierres , et huit
dans un autre , tant grandes que petites,
lesquelles, a-t-on remarqué , jetoient des
étincelles. Leur couleur extérieure étoit
noire, leur intérieur avoit l'aspect métallique, et une forte odeur de soufre. Chladni

qui cite cette chûte, observe qu'elle eut lieu avec un grand bruit et qu'on ne remarqua aucun éclair.

Je crois devoir joindre aux autres citations relatives à cette seconde section, une relation qui a été écrite par le père dom Halley, prieur des anciens Bénédictins de Lessay, près Coutances, à de Mairan, membre de l'Académie royale des sciences, qui l'a fait insérer dans les Mémoires de cette savante société, page 19 de la partie historique pour l'année 1731. L'abbé Richard l'a depuis insérée dans le tome VIII de son Histoire de l'air et des météores, et elle a été recopiée par Salgues, dans son Traité des erreurs et préjugés répandus dans la société.

Cet auteur remarque à ce sujet, que ceux qui ont imaginé que les métaux pouvoient être réduits à l'état gazeux, se combiner avec le fluide atmosphérique, nager dans son étendue, et reprendre ensuite leur forme primitive par des circonstances qui nous sont inconnues, appuient leurs conjectures sur ce phénomène qui eut lieu les 3, 4, et 5 juin 1731, à Lessay, près Coutances.

L'air étoit ébranlé par des coups de foudre extraordinaires, tout le ciel étoit en feu, depuis l'horizon jusqu'au zénith ; des traits enflammés se croisoient de toutes parts ; et il tomboit des gouttes de métal embrasé et fondu. Les bestiaux furent tués, plusieurs édifices réduits en cendres ; la terreur étoit générale. C'est le seul météore de ce genre qu'on ait observé et décrit.

Ne seroit-ce donc pas une chûte de pierres semblable aux autres déjà citées, qui arrivée en 1731, dans une époque où tous les faits de ce genre étoient rejetés comme fabuleux, se seroit embellie de plusieurs circonstances extraordinaires et fausses, qui sont d'autant plus difficiles à dégager de la vérité, que les savants, à cette époque, dédaignoient d'approfondir ces phénomènes, et même évitoient de s'en occuper, imitant à cet égard l'incrédulité dont Aristote leur avoit donné l'exemple.

Castillon publia en 1771, un ouvrage intitulé, des dernières Révolutions du globe, dans lequel il rapporte, page 126, que le 18 octobre 1738, à quatre heures et demie de l'après-midi, Dalman, ingénieur, voyageant dans le comté d'Avignon, et allant à Champfort, entendit tout à coup une explosion souterraine, dont le bruit égaloit celui que pourroient faire cent pièces de canon que l'on tireroit à la fois. La terre trembla sous les pas de Dalman, et les glands de quelques chênes qui étoient sur les bords du chemin, tombèrent avec rapidité.

Durant ce phénomène, le ciel étoit très-serein. Deux minutes après, il tomba, dans le même endroit, une pluie de terre et de gravier, comme il en tombe lorsqu'une mine a joué ; cette secousse et cette pluie durèrent trois minutes. A Carpentras, l'alarme fut très-vive, mais tout le dommage se réduisit à quelques cheminées abattues. Dans la campagne des environs, la terre s'entr'ouvrit à plusieurs endroits, et les fentes étoient si profondes, que les perches des laboureurs ne pouvoient aller jusqu'au fond.

Tel fut le récit de Dalman, qui me paroît devoir évidemment se rapporter à une chûte de pierres et non à un tremblement de terre, d'après les considérations suivantes :

1° En 1738, époque à laquelle Dalman fut témoin du phénomène qu'il décrit,

tous les gens instruits se piquoient de regarder la chûte des pierres comme absurde ;
il n'est donc pas étonnant que Dalman
prévenu par cette manière de voir , ait
cherché une cause qui lui paroissoit naturelle , au phénomène dont il étoit le
témoin ;

2° Il est constant qu'en 1738, aucun volcan n'étoit en activité auprès de Carpentras :
et quand un tremblement de terre auroit
réellement eu lieu à cette époque près de
Carpentras , il n'auroit pas pu produire une
pluie de graviers et de petites pierres semblables à celles que rejette une mine ; car
il est bien vrai que souvent des cendres
volcaniques ont été portées par le vent à
une très - grande distance , mais ici ce sont
des graviers semblables à ceux qu'enleve-
roit une mine , qui sont tombés d'en haut ,
sans que l'on ait su d'où ils venoient ;

3° Une explosion très-violente peut avoir
causé l'ébranlement qui effraya les habitants de Carpentras et que ressentit Dalman , mais si la secousse eût été forte , il
en seroit résulté nécessairement des acci-
dents plus fâcheux que la chûte de quelques cheminées ;

4° La chûte de pierres et la prétendue secousse dont il est ici question, ayant eu lieu dans la partie méridionale de la France, immédiatement après la saison des plus grandes chaleurs, il n'est pas nécessaire de recourir à un tremblement de terre pour expliquer la formation de quelques crevasses dans un sol gras et argilleux, où la sécheresse suffit pour les occasionner ;

5° Ce qui me paroît le plus certain dans ce phénomène, est donc que le 18 octobre 1738, il tomba dans les environs de Carpentras et de Champfort, une pluie de pierres peu volumineuses, mais en très-grand nombre, laquelle fut accompagnée d'une explosion très-considérable, qui agita assez violemment l'atmosphère pour occasionner la chûte de quelques cheminées, et que le bruit frappa tellement l'esprit de quelques personnes, que cherchant à expliquer sa cause, elles eurent recours à un tremblement de terre, qui acquéroit d'autant plus de probabilité, que la commotion s'étoit fait ressentir très-vivement.

Stepling que nous avons déjà cité, rapporte dans son ouvrage ( *de Pluv. lapid.* ),

qu'en 1743, il tomba des pierres en Bohême, près de Liboschitz.

Le savant de Lalande rapporte dans les
Etrennes historiques de la province de
Bresse, pour l'année 1756, que l'on entendit un bruit considérable, le jour de
Saint-Pierre de l'an 1750, dans la Basse-
Normandie, et qu'il tomba à Nicorps,
proche Coutances, une masse à peu près
de la même nature que celle dont la chûte
eut lieu à Liponas en 1753, mais beaucoup plus considérable ; ce qui prouve
qu'elle pesoit plus de vingt livres, puisque
cette dernière étoit de ce poids.

Voici ce qui fut inséré à ce sujet dans
le Mercure de janvier 1751 , tel que
Huard, prêtre, professeur de philosophie,
résidant à Coutances, l'écrivit vers cette
époque à un astronome de Paris :

« Le dimanche 11 octobre 1750, sur le
» midi, plusieurs personnes, tant à la ville
» qu'à la campagne, ont entendu un bruit
» semblable à celui de trois coups de canon,
» tirés au loin; le dernier coup a été suivi
» d'un bourdonnement qui a duré quelques
» minutes ; et à l'endroit où tomba la
» pierre , ce bruit fut suivi d'un éclat

» semblable à celui d'une branche d'arbre
» qu'on auroit rompue.

» On n'a rien vu de lumineux dans l'air;
» quelques personnes des environs disent
» qu'elles ont vu seulement quelque chose
» de noir qui paroissoit comme un oiseau
» qui auroit volé du haut en bas avec une
» grande rapidité.

» Je n'ai point vu la pierre sur la place,
» parce qu'elle avoit été enlevée le jour
» précédent de celui auquel j'y suis allé ;
» mais on m'a assuré qu'elle étoit à peu
» près de la grosseur d'une bouteille de
» quatre pots, et qu'elle étoit encore chaude
» une heure après sa chûte ; en approchant
» on sentoit une forte odeur de soufre ou
» de poudre enflammée. On l'a trouvée cas-
» sée en plusieurs morceaux, dont le plus
» gros pesoit environ vingt livres. L'exté-
» rieur est noirâtre et très-dur, l'intérieur
» est grisâtre et mêlé de petits points bril-
» lants qui se séparent aisément.

» Le trou qu'elle a fait en terre n'étoit
» pas considérable, il avoit environ un pied
» de diamètre et un demi-pied de profon-
» deur : elle ne pouvoit aller plus loin
» à cause du fond qui est une espèce de

» de gravier ou galet assez dur...... Le
» bruit a été entendu de quinze lieues, à
» la même heure..... J'ai remarqué que
» cette pierre n'est qu'un composé de sable
» et de parties de fer, car lorsqu'elle est
» réduite en poussière , on aperçoit, au
» microscope, comme autant de petits cris-
» taux très - transparents, et les parties
» luisantes s'attachent toutes au couteau
» aimanté; ce qui prouve que cette pierre
» est une véritable marcassite , ou matière
» minérale métallique.

» On dit qu'on a trouvé de pareils mor-
» ceaux dans d'autres paroisses plus éloi-
» gnées que celle de Nicorps, et situées à une
» demi-lieue d'ici.... On m'a aussi dit qu'à
» six lieues d'ici , du côté de Saint-Lô ,
» le bruit avoit été plus considérable qu'ail-
» leurs. »

Tel fut le récit du professeur Huard ,
qui ne croyoit point que cette pierre fut
une pierre de tonnerre, ainsi que le disoit
le peuple , et aima mieux supposer dans
les environs une éruption en forme de volcan, opinion évidemment erronnée, quant
à l'origine de la pierre; mais on ne sauroit
trop reconnoître l'exactitude de son récit,

en le comparant avec ceux par lesquels on a constaté depuis de semblables phénomènes.

La description qu'il nous donne de la pierre, nous confirme surtout la vérité du fait ; et on doit remarquer particulièrement qu'il insiste pour dire que cette chûte ne fut accompagnée d'aucune apparition lumineuse : d'où nous croyons pouvoir conclure qu'elle eut lieu sans le concours d'aucun météore.

Il est dit par Chladni, dans le Bulletin de la Société philomatique, tome II, page 78, du nouveau Bulletin, et dans le n° 151 du Journal des mines, que le Mercure de janvier 1751, rapporte qu'il est tombé une pierre en Allemagne, près de Constance. Je crois devoir observer ici que cette assertion est fausse, et que s'il est réellement tombé une pierre près de Constance en 1751, ce fait n'est pas contenu dans le Mercure de janvier de cette année. Il me paroît donc probable que la chûte de pierres arrivée à Constance, est supposée et n'est qu'une erreur de citation, à laquelle la chûte arrivée près de Coutances, en 1750, a donné lieu : cette erreur manifeste me fait craindre que plusieurs des faits, que je cite sans

détails d'après Chladni , soient inexactement rapportés ici.

Je regarde encore comme très-probable
que la pierre que Morand fils présenta
à l'Académie des sciences en 1769 , soit
un fragment de celle tombée à Nicorps
en 1750. Morand n'ayant point indiqué
l'époque de la chûte , et ce fait se trouvant rapporté très-légèrement par l'historien
de l'Académie, qui dit seulement que l'on
croyoit que cette pierre étoit tombée dans
les environs de Coutances, il en résulte une
grande présomption en faveur de l'identité. Comme il n'est cependant pas très-
certain qu'il ne soit pas tombé de pierre
dans le Cotentin en 1768, et que d'ailleurs le savant Chladni a cité ce fait
dans son Catalogue, je hasarderai aussi
de l'indiquer comme ayant eu lieu à cette
époque.

En 1751, le 26 mai, à six heures après
midi, il tomba de l'atmosphère, à Hraschina près d'Agram ou Zagrab, en Escla-
vonie, deux masses de fer, l'une de soixante-
onze livres, l'autre de seize livres, sans mélange de matière pierreuse ; la plus grande
de ces masses est conservée dans le cabinet
impérial

impérial de Vienne, avec le procès-verbal du Consistoire d'Agram.

Le célèbre Klaproth en a fait l'analyse, et a reconnu qu'elle étoit composée de 96,50 de fer métallique, et de 3,50 de nickel.

On aperçut un globe de feu, dont la direction étoit vers l'est; il fut vu par un grand nombre de témoins, qui entendirent un bruit semblable à celui de plusieurs chariots roulants, lequel paroissoit provenir de ce corps lumineux. Ce globe détona avec un grand bruit, en répandant une fumée noire, et se divisa en deux morceaux, dont le plus gros tomba dans un champ où il s'enterra en laissant dégager de la fumée, et l'autre dans une prairie, à quelque distance du premier. En examinant ces masses on reconnoît qu'elles sont formées de fer malléable; leur surface est cellulaire comme une scorie, et semblable à celle de la masse de fer de Sibérie, excepté que leurs cavités sont plus grandes et ne sont pas remplies par la substance jaune à aspect vitreux qui se trouve dans les cavités de la masse de Sibérie. Elles diffèrent de la pierre tombée à Aischstat, en ce qu'elles ne contiennent point de parties sablonneuses comme cette

dernière, et qu'elles sont au contraire compactes, noires, solides, et ressemblent à du
fer forgé.

La grosse masse conservée dans le cabinet
impérial de Vienne, a d'après Klaproth,
la forme d'un triangle irrégulier; son extérieur est couvert de trous, mais l'intérieur
est très-compacte et dur comme du fer
martelé; elle est d'un blanc de zinc très-
brillant, et elle est très-ductile.

Ce morceau tomba le premier, et s'enterra avec une telle force que l'on crut
que c'étoit un tremblement de terre ;
il fit un trou de trois brasses de profondeur et d'une demi-aune de largeur, dont
les parois sembloient avoir été brûlés.
Après l'explosion on vit dans l'air une
fumée noire.

D'après Stepling et plusieurs autres auteurs, il tomba le 3 juillet 1753, une pluie
de pierres, à Plaw, près le mont Tabor,
dans le cercle de Bechin, en Bohême.
Cette chûte eut lieu, dit-on, à la suite d'un
météore lumineux, et le poids des pierres
qui furent ramassées, varioit d'une livre à
vingt-cinq livres. Le célèbre Howard,
chimiste anglais, en ayant fait l'ana-

lyse, trouva qu'elles étoient composées de

$$\text{Silice} \ldots \ldots 45,45$$
$$\text{Magnésie} \ldots 17,27$$
$$\text{Oxide de fer} \ldots 42,72$$
$$\text{Oxide de nickel} \ \ 2,72$$
$$\text{TOTAL} \ldots \ldots 108,16$$

L'augmentation de poids s'est trouvée de 8,16, provenant très-probablement de l'oxidation du fer et du nickel pendant l'analyse.

Le savant minéralogiste Deborne qui avoit vu de ces pierres, les décrit parfaitement dans son *Lithophylacium*, où il dit qu'elles sont formées de fer attirable à l'aimant, en grains brillants empâtés dans une matière verdâtre. Il rapporte aussi qu'on en trouve des morceaux qui pèsent depuis une livre jusqu'à vingt, épars dans les environs de Plaw, près Tabor, dans le cercle de Bechin, en Bohême, et que ces pierres sont revêtues d'une écorce noire comme une scorie : il ajoute que les gens crédules disent qu'elles sont tombées du ciel, le 3 juin 1753, au milieu des coups de tonnerre.

De Bournon a examiné une de ces pierres comparativement avec celles de Bénarès, et a reconnu que son grain étoit plus fin, quoiqu'elle renfermât la même substance grise, soit globuleuse ou en parcelles irrégulières, unie à du fer métallique ainsi qu'à une masse terreuse analogue; mais elle en diffère, 1º en ce qu'on n'y voit point de pyrite; 2º parce qu'elle contient jusqu'à un quart de son poids de fer attirable à l'aimant; 3º parce que ces particules de fer s'étant oxidées à leur surface, en raison du long séjour que cette pierre a fait dans la terre, sa cassure présente beaucoup de petites taches brunes; 4º enfin parce qu'elle jouit d'une ténacité et d'une compacité plus grandes, qui la rendent susceptible du poli, après lequel elle paroît comme parsemée d'une multitude de petites taches ferrugineuses.

Ces pierres sont comme les autres de même origine, enveloppées d'une croûte noire : la grande quantité de fer qu'elles renferment les rend plus lourdes que les autres, en sorte que leur pesanteur spécifique est de 4,281.

De Lalande rapporte dans les Etrennes historiques de la province de Bresse, pour l'année bissextile 1756, que dans le mois de septembre 1753, à environ une heure après midi, le temps étant fort chaud, très-serein, et même sans nuage, on entendit un grand bruit semblable à celui de deux ou trois coups de canon, qui dura peu d'instants, mais fut assez fort pour retentir à six lieues à la ronde.

Ce fut aux environs de Pont-de-Vesle que le bruit fut le plus considérable; on entendit même à Liponas, village à trois lieues de Pont-de-Vesle, et à quatre lieues de Bourg-en-Bresse, un sifflement semblable à celui d'une fusée, et le même soir, on y trouva ainsi qu'à Pin, village près de Pont-de-Vesle et à trois lieues de Liponas, deux masses noirâtres, d'une figure presque ronde, mais fort inégale, qui étoient tombées dans des terres labourées, où elles s'étoient enfoncées par leur propre poids, de la profondeur d'un demi-pied; l'une des deux pesoit vingt livres. Elle fut cassée, et tous les curieux des environs en virent des fragments.

La base de ce composé est une espèce de pierre grise réfractaire, renfermant quelques particules de fer, qui se trouvent répandues en grains, en filets, et en petites masses, dans la substance de la pierre, mais surtout dans ses fentes : ce fer a besoin d'être rougi pour être parfaitement attirable à l'aimant. Il paroît que ces pierres ont souffert un feu très-violent, qui en a fondu la surface ; ce qui a produit la noirceur extérieure qu'on y remarque. Il paroît aussi, d'après le rapport de quelques personnes, qu'on en a trouvé dans un troisième endroit. On pouvoit voir, à Dijon, une de ces pierres pesant onze livres et demie, dans le cabinet d'histoire naturelle de Varenne de Béost, secrétaire en chef des états de Bourgogne, et correspondant de l'Académie royale des sciences de Paris. Cette même chûte de pierres est rapportée dans le tome II du Journal de physique.

Au milieu de juillet de l'année 1766, il tomba une pierre à Alboreto, près de Modène, ainsi que ce fait a été constaté par plusieurs auteurs dignes de foi. ( Voyez *Troili Regionamento della caduta di un sasso*, et *Vassali Lettere fisico-météorologiche*. )

On vit, disent-ils, tomber auprès de Modène, par un temps très-serein, une très-grosse pierre, dont la chûte eut lieu avec un grand bruit, qu'on entendit dans les environs. Cette pierre fut trouvée encore chaude, enfoncée d'environ deux pieds dans la terre : elle étoit d'une nature graveleuse, et sa surface étoit irrégulière, obscure, et comme brûlée par le feu.

Chladni qui cite la chûte d'une autre pierre tombée près la Novellara, le 15 août 1766, observe qu'elle peut être considérée comme provenant du même météore que celle tombée à Modène, si l'on suppose que l'on n'ait pas remarqué exactement le jour et le mois de la chûte : assertion d'autant plus probable que la Novellara est peu éloignée de Modène.

Je crois devoir faire observer en terminant cette section,

1º Que le phénomène dont je me suis occupé dans ce mémoire, a été extrêmement commun, puisque dans moins de trois siècles, il a été observé et constaté plus de quarante-deux fois différentes, et que très-certainement toutes les observations consignées dans les ouvrages d'une multitude d'auteurs, ne sont pas venues à ma connoissance, et que d'ailleurs il est également évident que le souvenir de la plupart des chûtes de pierres, n'a pas été conservé dans l'histoire ;

2º Que les faits les plus importants consignés dans les divers rapports que nous venons de citer, sont parfaitement d'accord avec les observations faites par les modernes en pareilles circonstances ;

3° Que plusieurs des pierres dont j'ai cité les chûtes, ont été conservées précieusement, et existent encore dans diverses collections ;

4° Que ces pierres sont parfaitement analogues à celles que nous reconnoissons comme tombées dans ces derniers temps ;

5° Combien il est difficile de faire admettre comme vrai ce qui est inexplicable ou inexpliqué, puisque dans la fin de cette seconde section, presqu'aucun de ceux qui ambitionnoient le titre honorable de savant, n'eût osé avouer qu'il regardoit la chûte des pierres comme véritable ou même comme possible ;

6° Enfin combien il est avantageux de conserver dans les collections, toutes les substances inconnues, même lorsqu'elles nous paroissent les plus indifférentes, ou que nous croyons que le préjugé seul leur a pu donner quelque valeur. Mais dans ce cas, il importe de conserver avec elles les étiquettes qui rappellent leur origine.

# TROISIÈME SECTION.

ON trouve dans les Mémoires de l'Académie des sciences pour l'année 1769, et dans le Journal de physique de 1772, le rapport fait par Fougeroux, Cadet, et Lavoisier, sur la pierre tombée à Lucé, département de la Sarthe, et présentée à l'Académie par l'abbé Bachelay. L'abbé Richard rapporte aussi ce fait dans son Histoire naturelle de l'air et des météores.

Il résulte de ces deux rapports, que le 13 septembre 1768, sur les quatre heures et demie du soir, il parut du côté du château de la Chevalerie, près Lucé, un nuage orageux, dans lequel se fit entendre un coup de tonnerre fort sec et à peu près comme un coup de canon. On entendit à la suite, dans un espace d'environ deux lieues et demie, sans apercevoir aucun feu, un bruit semblable aux mugissements d'un bœuf. Enfin quelques ouvriers de la paroisse de Périgné, à trois lieues environ de Lucé, ayant entendu le même bruit, regardèrent en haut, et virent un corps opaque qui décrivoit une ligne courbe, et qui alla tomber sur une pelouse, dans le grand chemin du Mans, auprès duquel ils travailloient. S'en étant approchés, ils trouvèrent une pierre, dont environ la moitié étoit enfoncée dans la terre. Elle étoit si chaude qu'il n'étoit pas possible d'y toucher; aussi s'en éloignèrent-ils saisis de frayeur. Mais étant revenus quelques temps après, ils virent qu'elle n'avoit pas changé de place, et la trouvèrent assez refroidie pour pouvoir la manier. Elle pesoit sept livres et demie; sa forme étoit triangulaire, c'est-à-dire qu'elle présentoit trois espèces de cornes arrondies, dont une dans le moment de sa chûte, étoit entrée dans le gazon : toute la partie qui étoit entrée dans la terre étoit de couleur grise ou cendrée, tandis que celle qui étoit restée exposée à l'air étoit extrêmement noire.

La substance de cette pierre étoit d'un gris cendré pâle; lorsqu'on en regardoit le grain à la loupe, on apercevoit qu'elle étoit parsemée d'une infinité de petits points brillants métalliques, d'un jaune pâle. Sa surface intérieure non engagée dans la terre, étoit couverte d'une petite couche très-mince d'une matière noire, boursouflée dans quelques endroits, et paroissant avoir été fondue; l'intérieur de la pierre ne donnoit pas d'étincelles au briquet, quoique la croûte extérieure en donnât quelques-unes; enfin sa pesanteur spécifique fut trouvée de 3,535.

La pierre tombée à Lucé, ayant été analysée par Lavoisier et Cadet, leur donna

| | |
|---|---|
| Terre vitrifiable | 55,5 |
| Fer. . . . . . . | 36,0 |
| Soufre. . . . . | 8,5 |
| TOTAL. . . . . . | 100,0 |

Malheureusement à cette époque, l'art de faire des analyses étoit bien loin de la perfection où il a été porté dernièrement par les Vauquelin et les Klaproth; on peut cependant reconnoître dans le travail des commissaires de l'Académie des sciences, des proportions très-approchantes de celles trouvées depuis dans les pierres tombées à l'Aigle, à Bénarès, à Wold-Cottage, à Sienne, à Sales, et dans beaucoup d'autres lieux.

Les commissaires conclurent en terminant leur rapport, que la pierre présentée par Bachelay, ne devoit point son origine au tonnerre ; qu'elle n'étoit pas tombée du ciel ; qu'elle n'avoit pas été formée par des matières minérales mises en fusion par le tonnerre, comme on auroit pu le présumer ; que cette pierre n'étoit autre chose qu'une espèce de grès pyriteux, qui n'avoit rien de particulier que l'odeur hépatique qui s'en exhaloit pendant la dissolution dans l'acide marin. Et enfin l'opinion qui leur parut la plus probable, fut que cette pierre étoit cou‑verte d'une petite couche de terre ou de gazon, et qu'elle avoit été frappée de la *foudre*, et par là mise en évidence. Ils supposoient aussi que la chaleur avoit été assez grande, pour fondre la superficie de la partie frappée.

Nous observerons ici relativement à l'ana‑lyse précédente, que la quantité de soufre, qui paroît infiniment plus grande dans la pierre tombée à Lucé, que dans les autres substances analogues analysées de‑puis, étoit probablement moins forte qu'elle n'a paru aux habiles chimistes, qui l'ont analysée, attendu l'imperfection de leur méthode, et parce que d'ailleurs ils ont regardé toute la perte, comme due au

soufre. J'observerai même, que la magnésie et le nickel, qui se sont toujours trouvés
depuis dans ces sortes de pierres, n'ayant
pas été recherchés par eux, on doit regarder comme nulle cette différence dans
leur analyse ; la quantité de nickel a dû
se trouver comprise dans celle du fer qu'elle
a augmentée; de son côté, celle de la silice
a aussi dû s'accroître de la plus grande portion de la magnésie qui lui étoit combinée;
et d'ailleurs on sait que l'existence du chrôme
dont la découverte est due au célèbre Vauquelin , n'étoit pas même soupçonnée à
cette époque.

Je concluerai avec les commissaires nommés par l'Académie , que la pierre de
Lucé n'a pas été exposée à une longue
chaleur , mais je regarde sa vitrification
superficielle , comme démontrant qu'elle
a éprouvé un degré de chaleur aussi vif
que court. Il me paroît encore évident,
d'après le rapport, que cette pierre est venue
presque horizontalement, puisqu'elle étoit
entrée très-peu en terre , et que d'ailleurs
son mouvement de projection étoit assez
lent pour qu'elle fût visible comme une
masse noire. Je remarquerai aussi qu'elle

n'étoit pas lumineuse , et que sa chûte n'a été accompagnée d'aucun météore apparent , quoiqu'il ne m'en paroisse pas moins constant qu'elle soit réellement tombée , le rapport des témoins oculaires , joint aux caractères de la pierre , rendant pour moi cette vérité incontestable.

Il est présumable que ce fut en 1768 que tomba à Aire , département du Pas de Calais , la pierre pesant près de huit livres , qui fut remise à l'Académie par Gurson de Boyaval.

Il ne me paroît pas également probable que celle que Morand fils présenta à l'Académie , comme tombée du ciel , dans les environs de Coutances , département de la Manche , fût tombée en 1768 , quoique les commissaires de l'Académie aient observé qu'à très-peu de chose près , elle étoit de la même nature que celle tombée à Lucé ; car ils auroient reconnu la même chose , s'ils eussent comparé cette pierre à beaucoup d'autres de même origine , mais tombées à des époques différentes. C'est de même , disent-ils , un grès parsemé de grains de pyrite martiale , et elle ne diffère de celle de Lucé qu'en ce qu'elle ne donne point d'odeur de foie de soufre, avec l'esprit de sel.

Les pierres tombées à Lucé, à Aire, et dans le Cotentin, comparées ensemble, n'ont offert à l'œil aucune différence : elles ont présenté la même couleur, et à peu près le même grain, on y a reconnu de petites parties métalliques et pyriteuses, et elles étoient recouvertes d'une croûte noire ferrugineuse. Un morceau d'une de ces pierres a été pulvérisé, et on l'a fait brûler : cette poudre près de rougir a donné une forte odeur de soufre, puis de grise qu'elle étoit, est devenue couleur de safran de mars ; on l'a pesée au sortir du feu, et malgré le soufre qui s'en étoit évaporé, elle n'avoit rien perdu de son poids, etc.

L'historien de l'Académie ajoute que certainement cette Société savante fut bien loin de conclure de la ressemblance de ces trois pierres, qu'elles aient été apportées par le tonnerre ; mais que cependant la ressemblance des faits arrivés à trois endroits si éloignés, et la parfaite conformité entre ces pierres et les caractères qui les distinguent des autres pierres, lui ont paru

des motifs suffisants pour publier cette observation , et pour éviter aux physiciens d'en
faire de nouvelles sur ce sujet.

Je ferai remarquer qu'il est impossible
de méconnoître l'analogie parfaite qui existe
entre ces trois pierres et celles tombées dans
ces derniers temps. Malheureusement en
1769, le préjugé contre la chûte des pierres
étoit trop fort pour pouvoir être détruit par
les trois chûtes qui furent constatées dans
l'année précédente, et les savants qui eurent
alors le courage de les faire connoître, n'o-
sèrent le faire qu'avec crainte, et sans se permettre même de laisser le public convaincu
de la réalité de faits qu'ils regardoient
comme inexplicables. Il eut cependant été
prudent d'admettre comme vrais, les récits
des témoins, qui sans avoir pu s'entendre
entr'eux, rapportoient le même fait , et
présentoient le même résultat , arrivé à
peu près dans le même temps, et à des distances très-éloignées. Et nous voyons pour-
tant qu'il est très - probable que si l'abbé
Bachelay n'eût osé commencer à fronder
l'opinion générale , Gurson de Boyaval
et Morand ne se fussent point hazar-
dés

dés à le faire, puisque même en annonçant le même fait, ils avoient négligé d'en recueillir les détails.

Combien doit-on savoir de gré aux hommes assez courageux pour éclairer le public, en affrontant son opinion, et bravant le ridicule auquel on s'expose en heurtant les préjugés des savants, qui ne peuvent être détruits qu'en leur démontrant leur ignorance; point dont tous conviennent difficilement, surtout quand par leurs longues études ils ont mérité l'estime générale.

Dans cette même année 1768, il tomba le 20 novembre, près de Maurkirchen, en Bavière, une pierre pesant trente-huit livres, qui se trouve déposée dans le cabinet de Munich. Maximus Imhof en a fait une analyse qui a été insérée dans le Magasin de Voigt, et dans les Annales de Gilbert.

Le 17 novembre 1773, il tomba dans une terre labourée du Village de Séna, district de Sigéna, dans le royaume d'Aragon, une pierre pesant neuf livres une once. Le ciel étant parfaitement calme, on entendit sur le midi, comme un bruit d'artillerie, qui se répéta trois fois de suite, et qui fut suivi de la chûte de cette pierre, à peu de distance de deux laboureurs. L'un d'eux s'en approcha, mais l'odeur forte qu'elle répandoit, l'arrêta un moment ; remis de sa surprise, il revint, la souleva avec sa bêche, attendit qu'elle fût refroidie, puis l'emporta au village , où il la remit à son curé. D'après les informations prises sur les lieux, il résulte que le bruit et la chûte ne furent accompagnés ni d'orage ni d'éclair.

Cette pierre fut adressée, peu de temps après sa chûte, au Ministre d'état du royaume d'Espagne, par dom Manuel de Roda, Capitaine général de Saragosse : depuis cette époque elle étoit conservée dans le cabinet de Madrid , d'où elle fut tirée momentanément pour être examinée et analysée par Proust, et remise ensuite dans le même cabinet.

Cette pierre étoit de forme irrégulièrement ovoïde , sa longueur étoit de sept à huit pouces sur quatre ou cinq de large, et quatre dans sa plus grande épaisseur ; sa croûte étoit noire et vitreuse , fragile et très-mince, ce qui prouve qu'elle fut exposée à un feu aussi énergique que momentané ; fait qui se trouve encore demontré par la nature même de la pierre, car les parties

métalliques et sulfurées qui reposent immédiatement sous la croûte, n'ont pas eu
le temps de changer de couleur, ni même
de perdre leur éclat, d'où Proust conclut
avec raison que la chaleur de cette pierre,
quoique suffisante pour brûler les mains,
n'a pas été jusqu'à l'incandescence, et n'a
agi qu'à la surface.

Cette pierre a toute la porosité qu'on doit
trouver dans un agrégat sableux, dénué
de toute espèce de ciment ; le briquet n'en
tire aucune étincelle ; sa couleur est le gris
bleuâtre uniforme ; sa cassure est terreuse ;
elle est formée de grains ovoïdes et arrondis, dont les plus gros ne passent guère la
grosseur de ceux du chènevis ; et entr'eux
sont parsemés des particules métalliques et
sulfurées, éclatantes et jouissant d'une légère
teinte de kupfernickel. Les grains terreux
vus au miscroscope, présentent des points
réfléchissants ou cristallins qui ne permettent pas de les confondre avec le sable ;
ceux qui sont globulaires ont en général une
dépression sur le côté.

Proust a cru, avant d'analyser cette pierre,
devoir en séparer les parties métalliques
attirables à l'aimant ; par cette méthode

il a enlevé de 0,17 à 0,22 de grenaille métallique, qui d'après ses expériences renferment sur cent parties 0,07 de substance
terreuse adhérente aux parties métalliques,
0,03 de nickel, et 0,90 de fer.

Voulant ensuite connoître la proportion
de fer sulfuré contenu dans la pierre tombée à Séna, il a recherché la quantité de
soufre qu'elle renfermoit, et supposant que
le sulfure de fer étoit au minimum, il a
trouvé que sa quantité devoit être de 0,12
du poids de la pierre.

Enfin, passant à l'analyse de la portion
terreuse, il trouva qu'elle étoit formée de

Sulfure de fer.... 0,12
Oxide noir de fer. 0,05
Silice. . . . . . . . 0,66
Magnésie. . . . . . 0,20
————
TOTAL. . . . . . . . 1,03

et qu'elle renfermoit des atomes de chaux
et de manganèse; ce qui donne sur l'analyse une augmentation de 0,03, qui me
paroît due à la trop forte estimation de la
quantité de sulfure de fer, attendu que dans
les autres pierres tombées de l'atmosphère,
la proportion de cette substance s'est trouvée

moindre de beaucoup et souvent presque nulle.

Les auteurs étrangers ont constaté plusieurs autres chûtes de pierres qui eurent lieu à peu près dans ce même temps; ainsi on trouve dans les Annales de Gilbert, que le 19 septembre 1775, il tomba près de Rodach, dans la principauté de Cobourg, une pierre qui se trouve maintenant dans le cabinet d'histoire naturelle de Cobourg.

On trouve aussi dans le Bulletin de la Société philomatique, de mai 1810, que dans le mois de janvier ou de février 1776 ou 1777, il y eut une grande chûte de pierres en Italie, près de Fabriano, dans le territoire de Santanatoglia, ancien duché de Gamerino; et quelques auteurs anglais ont rapporté que dans l'année 1779, il tomba des pierres à Petris - Wood, en Irlande. (Voyez *Gentlemans Magasine*, septembre 1796. )

Enfin, le 19 février 1785, il tomba des pierres dans la principauté d'Aichstat, qui ont donné lieu à des notices publiées par le baron de Moll. ( *Annalen de Berg und Hüttenkunde.* III. 2. )

La chûte d'une de ces dernières pierres,

eut pour témoin un ouvrier travaillant près
d'un four à tuiles : il la vit tomber à la
suite d'un violent coup de tonnerre. Elle
s'enfonça et se refroidit dans la neige, dont
la terre étoit alors couverte. Elle avoit
environ un demi-pied de diamètre, et étoit
revêtue d'une croûte noire de deux lignes
d'épaisseur, semblable à une vitrification
ferrugineuse et exempte de soufre ; elle étoit
dure, et paroissoit intérieurement formée
d'un sable gris de cendre, mêlé de beaucoup de grains de fer natif très-fins et
d'oxide de fer brun jaunâtre.

Ayant été analysée par Klaproth, elle
lui donna les mêmes principes constituants
que les autres pierres atmosphériques, desquelles tous ses caractères extérieurs la rapprochent également.

En effet, cent grains de cette pierre lui
donnèrent à l'analyse,

| | |
|---|---|
| Fer. . . . . . | 19,0 |
| Nickel.. . . . | 1,5 |
| Oxide de fer.. | 16,5 |
| Magnésie. . . | 21,5 |
| Silice. . . . . | 37,0 |
| TOTAL. . . . . | 95,5 |

La perte, compris le soufre et le nickel qui ne purent pas être recueillis pendant l'analyse, fut trouvée de 4,5. Après les opérations qui conduisirent à ces résultats, le même chimiste traita cent autres portions de ces pierres par l'acide sulfurique, et reconnut par là qu'elles ne renfermoient pas d'alcali.

Stutz possédoit cette masse que le baron de Hompesch, chanoine d'Aichstat, reçut des environs de cette ville.

C'est d'après Chladni, un grès d'un gris cendré, où se trouvent implantés de petits grains, les uns de véritable fer natif très-malléable à chaud, les autres d'un oxide de fer d'un brun jaunâtre. Cette pierre est revêtue d'une croûte noire ferrugineuse, qu'il dit même malléable et sans mélange de soufre. La malléabilité de l'enveloppe me paroît au moins douteuse, le fer qu'elle contient étant certainement oxidé. Au surplus cette masse est très-remarquable par les grains de fer oxidé qu'elle renferme.

E. King rapporte dans son ouvrage, que le 13 juillet 1788, il tomba en France plusieurs pierres, dont quelques-unes pesoient trois livres et d'autres cinq livres : j'ignore d'où ce célèbre auteur a tiré cette citation dont je dois la connoissance à la complaisance de M. Leman, savant aussi estimable que modeste.

Je ne puis avoir la prétention de donner ici sans aucune omission la suite chronologique des chûtes de pierres ; même dans cette troisième section, il est souvent impossible de débrouiller les fautes de citations, qui ont eu lieu relativement à quelques-uns des phénomènes dont je m'occupe. La chûte des pierres qui tombèrent dans les Landes en 1790, en est une preuve incontestable : les journaux et les hommes les plus justement célèbres l'ont faussement citée comme arrivée en 1789, tandis qu'elle n'eut lieu qu'en 1790. Un même savant, faute d'informations suffisantes, remit deux échantillons provenant de cette seule chûte, comme appartenant à deux différentes ; et son erreur copiée et recopiée un grand nombre de fois, me sembloit à moi-même une vérité démontrée, lorsque recourant à un témoin irrécusable, j'ai été à même de me détromper pour toujours.

Plusieurs collections, et entr'autres celle de de Drée, renferment cependant des échantillons de ces pierres que l'on dit tombées à ces deux époques. Leur aspect même est très-différent, attendu que les échantillons des pierres tombées en 1790, ne présentent point de taches oxidées, tandis que ceux de la pierre que l'on dit tombée en 1789, sont remplis de taches brunes ou noires, dues sans doute à l'oxidation du fer, cette dernière pierre étant fort mal conservée et ayant été enfouie en terre pendant quelque temps, ainsi qu'en convient son premier possesseur, M. Rodrigues, conservateur de la collection d'histoire naturelle de Bordeaux, entre les mains de qui je l'ai vue, et duquel j'en ai acquis plusieurs fragments.

Ces diverses opinions sur un fait de ce genre, me semblent donc mériter une discussion que je vais commencer par le récit de de la prétendue chûte de 1789, tel que le conflit des différents témoignages sembloit me le démontrer, afin non-seulement de mettre les savants en garde contre les rapports qui leur sont faits, mais encore de faire connoître combien une fausse indication se trouvant répétée, acquiert de force, et semble par là se rapprocher de l'évidence.

Le comte de Bournon a écrit (dans le tome LVI du Journal de physique) que M. de Saint-Amans lui apporta un fragment d'une pierre tombée dans les Landes, en Gascogne, près de Roquefort, le 24 août 1789, à la suite de l'explosion d'un météore. Cette pierre avoit, dit-on, écrasé une chaumière, fait un trou d'environ cinq pieds de profondeur, et tué le métayer et quelques pièces de bétail. Un de ses fragments d'environ quinze pouces de diamètre, avoit été déposé au Muséum de Bordeaux, où je l'ai vu moi-même, mais très-diminué par la quantité de morceaux qui en avoient été enlevés. Il n'avoit, m'a-t-on dit, été retrouvé qu'en 1790, quelque temps après la grande chûte qui eut lieu le 24 juillet; et il fut ramassé dans les décombres d'une chaumière qui, l'année précédente, avoit été incendiée par le tonnerre : j'en acquis plusieurs éclats étiquetés, qui offrent quelques légères différences par leur aspect intérieur, avec les pierres tombées depuis à l'Aigle, à Charsonville, et dans beaucoup d'autres lieux.

Il me paroissoit probable que cette pierre étoit l'une de celles qui, d'après le général

Lomet et Darcet fils, tombèrent à Barbotan, près Roquefort, en juillet 1789, et de la chûte desquelles l'un d'eux fut, dit-on, témoin, ainsi qu'il est imprimé au t. V, p. 544 du Dictionnaire de chimie de l'Encyclopédie méthodique.

Une de ces pierres fut donnée par Darcet fils, à Vauquelin; on la disoit tombée en juillet 1789, à Barbotan, près Roquefort; et ce fut le frère de Darcet, curé des environs, qui la lui envoya avec le procès-verbal qui avoit été dressé, de cette chûte extraordinaire.

Lomet qui se trouvoit à Agen à cette époque, rapporta qu'il avoit paru un globe de feu très-éclatant, d'une lumière aussi pure que celle du soleil, de la grosseur d'un aérostat ordinaire, qui dura assez long-temps pour jeter l'effroi parmi les habitants du pays, et enfin qui décrépita et disparut. Quelques jours après les paysans apportèrent des pierres qui provenoient du météore, mais on se moqua d'eux, en traitant de fable ce qu'ils disoient, refusant même de prendre leurs pierres. Ils pourroient peut-être maintenant, remarque justement le célèbre Vauquelin, se moquer à leur tour des savants qui refusèrent alors de les écouter.

Ces pierres ayant été examinées, présentèrent, comme les autres du même genre, une croûte extérieure noire et à demi-fondue ; et leur intérieur étoit d'un blanc gris, marqué de taches plus foncées ; analysées comparativement avec les pierres tombées à Bénarès, à Juillac, et dans plusieurs autres lieux, elles présentèrent la plus parfaite similitude, si ce n'est que les pierres tombées à Barbotan en 1789 et à Juillac en 1790, renfermoient une plus grande quantité de globules métalliques que celles tombées dans l'Yorckshire et à Bénarès. La pierre tombée à Barbotan fut aussi une de celles dans lesquelles Laugier reconnut la présence du chrôme.

Le récit du curé de la Bastide, joint à l'envoi qu'il fit à Darcet, d'une des pierres tombées à Barbotan, indiquoit à la vérité une date différente de celle qui fut fixée au comte de Bournon, par M. de Saint-Amans, et il étoit difficile d'éclaircir laquelle des deux étoit la véritable, quoique ces divers récits semblassent seulement prouver que la pluie de pierres qui avoit eu lieu dans les communes de Juillac et de Créon, en juillet 1790, avoit été quelquefois confondue avec celle qu'on disoit avoir eu lieu à Barbotan, près Roquefort, en août 1789. Il dut paroître constant que ces deux différentes chûtes avoient existées, puisque le même Saint - Amans, professeur à l'école centrale d'Agen, avoit remis des pierres tombées aux deux époques, au comte de Bournon, et que d'ailleurs nous allons montrer, d'après la lettre de Darcet et le procès-verbal de la commune de Juillac, sur la pluie de pierres qui eut lieu en 1790, que l'on disoit que ces pierres étoient probablement molles en tombant, tandis que celle que l'on prétendoit être tombée en 1789, étoit fort dure, puisqu'elle perça, disoit-on, une chaumière, tua le métayer, et fit un trou de cinq pieds de profondeur.

Les informations que j'ai été à même de prendre, m'ont cependant démontré que la pierre que l'on croyoit tombée en 1789, est l'une de celles tombées en 1790, et je me flatte d'avoir éclairci cette vérité, ainsi qu'on le verra dans le récit de cette chûte, l'une des plus considérables connues.

Le Journal des sciences utiles, de Montpellier, par Bertholon, a fait mention de ce phénomène. Il est constant, d'après les diverses relations qui en ont paru, que le 24 juillet 1790, et non le 6 septembre de la même année, ainsi que le dit de Bournon, il tomba dans les paroisses de la Grange et de Créon, entre neuf et dix heures du soir, une grande quantité de pierres, et que cette chûte fut précédée de l'apparition d'un globe de feu très-éclatant, qui laissoit après lui une longue trace de lumière : ce globe disparut bientôt et sembla tomber ; peu après on entendit une explosion dont ni coups de canon, ni coups de tonnerre n'eussent égalé le bruit.

Ce même globe de feu fut visible à Mont-de-Marsan, à Agen, à Tartax, et à Dax, ainsi qu'à Barbotan, comme le démontre le rapport écrit à Mormès, près de ce lieu, par Baudin, l'un des témoins oculaires. Le maire et le procureur de la commune de Juillac, attestèrent ce phénomène, le 3o août 1790, dans un procès-verbal qu'ils en dressèrent. Il résulte de cette dernière pièce, que deux minutes environ après l'explosion du grand feu qu'ils virent en l'air, il tomba beaucoup de pierres du ciel : elles étoient environ à dix pas l'une de l'autre, plus proches dans quelques endroits et plus éloignées dans d'autres, leur pesanteur commune étoit de deux à huit onces, et quelques-unes du poids d'une livre et même de beaucoup plus. En tombant elles ne paroissoient pas enflammées, elles étoient fort dures, noires au dehors, et de couleur d'acier au dedans. Elles ne commirent d'autres dégats que le brisement de quelques tuiles. Il y est dit que la plus grande partie de ces pierres tombèrent doucement, les autres avec rapidité et sifflement, et que quelques-unes d'elles étoient un peu entrées en terre. On ajoute que M. de Carrit, député à l'Assemblée nationale, emporta à Paris plusieurs de ces pierres, dont deux pesoient de vingt-cinq à trente livres.

D'après le rapport de Goyon d'Arzas, ces pierres étoient d'un gris d'ardoise foncé, semblable à celui du mâchefer, presque toutes de forme ovale et applatie, très-dures, très-compactes, et très-pesantes spécifiquement. Le poids de quelques-unes fut trouvé d'une demi-livre, d'une, de deux, de quatre, et de vingt-quatre livres. Elles étoient assez unies au dehors, mais présentoient quelques fentes ; et leur intérieur offroit des traces de

plusieurs couleurs différentes. L'auteur de
cette relation ajoute que ces pierres étant
encore toutes rouges lorsqu'elles se dispersèrent de tous côtés, elles formèrent la gerbe
lumineuse qui éclaira l'horizon à une si
grande distance.

M. Darcet, curé de la Bastide, envoyant à
son frère un échantillon de ces pierres, lui
marqua qu'il lui paroissoit que lors de leur
chûte elles n'avoient pas la dureté qu'elles
présentèrent après ; car, disoit-il, quelques-
unes tombées sur de la paille, s'y attachè-
rent, et celles tombées sur les maisons, ne
rendirent pas par leur choc le son d'une
pierre, mais celui d'une matière qui n'est
pas encore compacte.

C'est ce rapport très-invraisemblable qui
prouve que le curé de la Bastide a écouté
des relations infidèles ; car voici l'extrait de
la lettre que M. de Carrit-Barbotan écrivit
dernièrement à un de ses parents qui a eu
la bonté de prendre à ce sujet les informations que je lui avois demandées :

« Le météore vu à Orléans, me paroît
» en tout semblable à celui qui éclata entre
» Juillac et Barbotan, le samedi 24 juillet
» 1790, à neuf heures et demie du soir. Les
pierres

» pierres que j'ai conservées, sont absolu-
» ment de même nature que celle dont parle
» la relation anglaise de 1796. Quant à celles
» que le curé de la Bastide assure avoir été
» ramassées encore pâteuses, et où des pail-
» les étoient imprimées, c'est une absurdité,
» puisque toutes les pierres un peu grosses
» ont été trouvées entières. Si elles avoient
» été pâteuses, au lieu de s'enterrer, elles
» se seroient divisées en une infinité de mor-
» ceaux, comme une truellée de mortier qui
» tombe de dessus un échaffaudage élevé :
» ces pierres avoient au contraire des formes
» différentes, des angles bien prononcés,
» quoique un peu adoucis par la fusion, et
» elles étoient recouvertes d'une croûte
» noire, comme une truffe. »

Cette lettre ne pouvant suffire pour détruire mon incertitude, j'ai désiré en avoir
une autre plus circonstanciée de M. de Barbotan, que je savois possesseur des lieux où
le phénomène avoit été observé, et d'ailleurs témoin oculaire; j'ai donc prié son
parent de lui écrire à ce sujet, et voici la
réponse qu'il en a reçue, en date du 16 mai
1811, et qu'il m'a permis de faire insérer ici.

« Le mémoire de M. Baudin fait con-

» noître parfaitement la vérité par rapport
» au météore qui lança des pierres dans plu-
» sieurs communes, près de Barbotan : les
» renseignements donnés d'ailleurs ne sont
» pas bien exacts ; il est faux que quelqu'un
» ait été blessé par la chûte de ces pierres.
» J'ai parcouru moi-même les communes
» où elles étoient tombées, deux jours après
» l'évènement ; tous les paysans me par-
» lèrent de leur frayeur : aucun ne nous
» dit qu'il y eût eu quelqu'un de blessé.

» J'ai vu dans la paroisse de Créon, une
» branche d'arbre, grosse comme le bras,
» qui avoit été cassée par une de ces pierres;
» elle appartenoit à un chêne qui étoit sur
» le sol d'une métairie, à dix pas de la
» maison. Les habitants ramassèrent la
» pierre encore chaude, ils me la donnè-
» rent ; elle étoit plate, et pareille pour la
» qualité à toutes les autres ; l'intérieur
» gris cendré avec des parties métalliques
» très-apparentes, le dessus noir comme
» une truffe, et tous les angles adoucis.
» La couche noire qui la recouvroit pou-
» voit avoir un quart de ligne d'épaisseur,
» et la pierre peser à peu près dix onces;
» je l'ai gardée jusqu'en 1792.

» Quant à celles envoyées par le curé de
» la Bastide, qu'on dit avoir été ramassées
» dans un état de mollesse pâteuse, l'asser-
» tion est fausse, et tout prouve le contraire :
» une des meilleures raisons à donner, est
» que si elles avoient été molles, elles se
» seroient brisées en tombant, ne fut-ce
» que de cinquante pieds ; et il est cepen-
» dant démontré qu'elles venoient d'une
» hauteur considérable, par la grandeur du
» diamètre du cercle dans l'étendue du-
» quel elles sont tombées.

» Mon grand-père en porta deux à Paris,
» qui pesoient près de vingt livres chacune ;
» elles furent remises à M. de Condorcet, qui
» s'occupoit alors uniquement des affaires
» de l'Assemblée constituante.

» Ces deux pierres étoient tombées près du
» moulin de Créon ou de Saint-Julien, je
» ne me rappelle pas positivement lequel
» des deux. Le meunier étoit allé chercher
» ses chevaux, qui paissoient dans le bois le
» long de l'étang où est le moulin, lorsque
» les pierres tombèrent : il en eut une très-
» grande peur, parce qu'il entendit le bruit
» de leur chûte, de tous les côtés, dans l'étang
» et dans le bois. Il s'enfuit bien vite et

9*

» revint le lendemain ; il vit deux trous
» assez près l'un de l'autre et à peu près
» d'un pied de profondeur, dans une terre
» légère où ces deux pierres s'étoient enfon-
» cées ; il les retira et les rompit en plusieurs
» endroits pour voir ce qu'il pouvoit y
» avoir dedans, parce qu'elles étoient très-
» pesantes. Ce sont les pierres que mon
» grand-père porta à Paris.

» Quelques personnes vouloient préten-
» dre que ces pierres n'étoient pas tombées ;
» mais il est impossible de le révoquer en
» doute, elles sont toutes pareilles entr'elles,
» et dans le pays il n'y a pas d'autres pierres
» qu'une aggrégation de coquilles et de sa-
» ble. On y trouve des coquilles d'huîtres
» qui ont près d'un pied de long, et des
» dents de requins, d'une espèce inconnue.
» Ainsi les pierres tombées et celles qu'on
» trouve dans le pays, sont on ne peut
» pas plus différentes. Les premières sont
» exactement de la même pâte et ne diffè-
» rent que par le poids et la forme ; elles
» sont d'ailleurs parfaitement pareilles à
» une pierre tombée en Angleterre, et qui
» pesoit quarante livres, fait duquel je me
» suis assuré en les comparant moi-même.

» Je puis affirmer tous ces faits, je les
» ai encore très-présents, parce que cela
» me frappa beaucoup dans le temps, et que
» j'eus l'avantage d'aller sur les lieux deux
» jours après l'évènement. Il ne reste pres-
» que plus de ces pierres dans le pays; j'ai
» écrit à mon fermier de Barbotan, de tâ-
» cher de s'en procurer et de m'en envoyer. »

Je ne puis ajouter à ce récit rien de plus
positif que ce que rapporte M. Baudin, témoin oculaire, dont M. de Barbotan reconnoît l'exactitude ; les détails qu'il donne
serviront à préciser de la manière la plus
positive, les circonstances qui accompagnèrent la chûte de pierres qui eut lieu en
1790 ; et leur justesse me semble démontrer jusqu'à l'évidence, que si en 1789, le
même phénomène avoit eu lieu à Barbotan,
il eût été impossible que MM. de Barbotan
et Baudin n'en eussent eu aucune connoissance.

M. Baudin se trouvant au château de Mormès, chez M. de Carrit-Barbotan, lors de
l'apparition du phénomène lumineux dont
il est ici question, publia peu de temps
après une petite brochure dans laquelle il
rapporte les circonstances qu'il fut à même

d'observer lui-même, de la manière suivante :

« Le samedi 24 juillet 1790, après une
» journée fort chaude, sur les neuf heures
» et demie du soir, étant à me promener
» dans la cour du château de Mormès,
» avec M. de Carrit-Barbotan, l'air étant
» calme et serein, le ciel sans aucun nuage,
» nous fûmes surpris de nous voir comme
» environnés tout-à-coup d'une lumière
» blanchâtre vive, et qui effaçoit celle de
» la lune, quoique cet astre approchant
» alors de son plein, brillât d'un grand éclat.

» Levant la tête, nous vîmes passer près
» de notre zénith un météore extraordi-
» naire : c'étoit un globe de feu, dont le
» diamètre apparent étoit plus grand que
» celui de la lune. Il traînoit après lui une
» queue, dont la longueur me parut à peu
» près cinq à six fois égale au diamètre;
» elle étoit de la même largeur que le
» globe à l'endroit par lequel elle y tenoit,
» mais elle alloit en diminuant et se ter-
» minoit en pointe.

» La couleur du globe ainsi que de la
» queue, étoit d'un blanc mat et blafard;
» mais la pointe étoit d'un rouge foncé,

» à peu près couleur de sang. La direction
» du météore, dans sa course assez rapide,
» étoit du sud au nord.

» A peine y avoit-il deux secondes que
» nous le regardions, qu'il se sépara en
» plusieurs parties considérables que nous
» vîmes tomber dans différentes directions,
» ne laissant qu'un petit nuage blanchâtre
» à la place où il éclata. Tous ces diffé-
» rents débris s'éteignirent en l'air ; plu-
» sieurs en tombant prirent la même cou-
» leur rouge que j'avois remarquée à la
» pointe de la queue : je ne remarquai que
» ceux dont la direction se portoit sur Mor-
» mès.

» Environ trois minutes après, nous en-
» tendîmes un coup de tonnerre terrible,
» ou plutôt une explosion pareille à celle
» qu'auroit pu faire une décharge de grosse
» artillerie......... Nous sortîmes dans le
» jardin; le coup duroit encore, et le
» bruit sembloit perpendiculairement au-
» dessus de nos têtes. Le bruit de l'écho,
» paroissoit retentir dans les montagnes des
» Pyrénées, et dura bien quatre minutes...
» nous sentîmes aussi dans ce moment une
» odeur de soufre assez forte.

» Je conjecturai que le météore devoit
» être au moins à sept ou huit lieues de
» hauteur perpendiculaire , et qu'il pouvoit
» être tombé à quatre lieues environ de
» Mormès, vers le nord ; ce qui se trouva
» vrai, car il étoit tombé du côté de Juil-
» lac, et jusqu'auprès de Barbotan, une
» quantité de pierres.

» Il paroît que le météore éclata à une
» petite distance de Juillac, et que les
» pierres qu'il lança se dispersèrent dans
» un espace circulaire de près de deux lieues
» de diamètre, dans lequel il en tomba de
» différentes grosseurs.

» Je n'ai pas ouï dire que quelque maison
» ait été endommagée, quoiqu'il en soit
» tombé fort près de quelques-unes, ainsi
» que dans les cours et jardins de plusieurs
» d'entr'elles : ce qui rend ce heureux ha-
» sard moins surprenant, c'est que le météore
» éclata dans un pays de landes. On a trouvé
» dans les bois des branches rompues par
» le choc des pierres, qui faisoient en tom-
» bant un sifflement très-fort, que plusieurs
» personnes ont entendu.

» Des gens dignes de foi m'ont dit aussi
» que le météore, dans sa course, faisoit

» entendre un bruissement et un pétille-
» ment pareil à celui des aigrettes et des
» étincelles électriques, mais M. de Carrit-
» Barbotan et moi nous n'entendîmes abso-
» lument rien, lorsqu'il parut au dessus de
» nos têtes; peut-être les exclamations que
» je fis à la vue de ce superbe météore,
» nous empêchèrent-elles de rien entendre.

» On a trouvé de ces pierres qu'on avoit
» vues tomber, qui pesoient dix-huit à vingt
» livres, et qui en tombant s'étoient en-
» foncées de deux à trois pieds dans la
» terre; on m'a même rapporté qu'on en
» avoit trouvé du poids de cinquante livres.
» M. de Barbotan s'en est procuré une de
» dix - huit livres, qui a été envoyée à
» l'Académie des sciences, à Paris.

» Le météore a été vu à Bayonne, à
» Auch, à Pau, à Tarbes, et même à
» Bordeaux, et à Toulouse...... On m'a-
» voit rapporté avoir entendu dire qu'il
» étoit aussi tombé des pierres dans la
» plaine, entre Tarbes et Bagnières, et
» que quelques maisons, dans le même
» pays, avoient été incendiées par la chûte
» de ce feu ; mais ce n'étoit que des
» bruits vagues et sans fondement, qui se

» sont trouvés démentis par la suite, par
» les personnes qui étoient sur les lieux
» dans le temps du phénomène.

» Je crois que si à Bayonne, à Auch,
» à Pau, on eût bien examiné à quelles
» étoiles répondoit le petit nuage blan-
» châtre que laissa le météore après son
» explosion, c'eût été un moyen de dé-
» terminer au juste sa véritable hauteur
» dans l'atmosphère.

A ce détail précis, M. Baudin joignit
dans son intéressant imprimé, qu'il est
remarquable qu'aucun savant n'ait encore
cité, une description des pierres qui convient parfaitement à toutes celles de ce
genre, mais que je ne rapporte point,
attendu qu'elle est moins précise que celles
des minéralogistes qui ont écrit depuis; enfin,
M. Baudin donne comme l'explication la plus
vraisemblable, la condensation des exhalaisons minérales qui se sont élevées du sein
des montagnes, et essaie d'appuyer son opinion par le rapprochement de divers faits
analogues, rapportés par plusieurs auteurs
anciens et modernes.

Je dois la connoissance du Mémoire de
M. Baudin, à M. Chaudruc-de-Crazannes,

ancien secrétaire de l'Athénée du départe-
tement du Gers, et maintenant secrétaire
de la Préfecture du Loiret. Ses talents
connus, en littérature et en antiquités, ne
l'ont point laissé étranger aux sciences
qu'il a toujours cultivées avec fruit : en
juillet 1801, il fit connoître, dans le
Journal des Arts, dans la Décade Philo-
sophique, et dans le Mercure, le phénomène dont je m'occupe ici ; mais n'ayant
pu alors acquérir de renseignements exacts,
il en plaça la date au 11 juillet 1791.
Ayant pris depuis d'autres renseignements
auprès du Maire de Houza et de M. Baudin
lui-même, il m'a autorisé à rectifier ici
l'erreur involontaire que des rapports infidèles lui avoient fait commettre.

Vauquelin observe que toutes les pierres
tombées présentent le même aspect que celles
de Bénarès, de l'Yorck-Shire, et des environs
de Barbotan, en sorte qu'on croiroit volon-
tiers qu'elles ont été détachées de la même
masse. Leur surface est noirâtre, lisse, et
comme vernissée par un commencement de
fusion ; leur intérieur est d'un blanc gris
marqué d'une quantité plus ou moins nom-
breuse de taches brunes, ou d'un gris plus

foncé que le reste de la masse ; cependant celles de Bénarès et de l'Yorck-Shire sont un peu plus blanches à l'intérieur que celles de France. On y remarque des pyrites blanches, dont la cassure est très-lamelleuse, des globules de fer métallique et ductile, dont le poids s'élève pour quelques-uns jusqu'à trois ou quatre grammes ; mais ce fer a une couleur plus blanche et une dureté plus considérable que celle du fer ordinaire, il est aussi moins ductile, ce qui provient du nickel et du soufre qui lui sont combinés, ainsi que l'analyse chimique le démontre. Les pyrites renferment les mêmes éléments, mais dans des proportions différentes. Quant à la substance terreuse, les analyses comparatives de quelques pierres citées par Vauquelin , lui ont démontré qu'elles ont la plus parfaite similitude entr'elles ; d'où il conclut que l'on doit regarder comme une chose exactement démontrée, que les pierres tombées en différentes régions de la terre, sont composées des mêmes principes.

Le Bulletin de la Société philomatique, de mai 1810, rapporte que le 17 mai 1791, on fut témoin, près de Castel-Berardenga,

en Toscane, d'une chûte de pierres semblable aux autres déjà décrites.

Edward King rapporte dans son intéressant ouvrage, qui malheureusement est trop
peu connu en France, que le 20 octobre
1791, il tomba beaucoup de pierres près
de Ménabilly, en Cornwall. Une de ces
pierres, de forme irrégulière, qui avoit un
pouce sur un pouce et demi de dimension,
est figurée sur trois faces dans son ouvrage,
que je n'ai pu me procurer à cause de sa
rareté; en sorte que je dois cette note à la
complaisance de M. Leman.

Le 16 juin 1794, il tomba une douzaine
de pierres, près Sienne, en Toscane. Voici
comment sir William Hamilton rapporta ce
fait, dont il eut connoissance par une lettre
du comte de Bristol, datée de Sienne :

« Au milieu d'une des plus violentes tem-
» pêtes mêlées de tonnerre, des pierres de
» figure et de poids différent, sont tombées
» au nombre d'environ une douzaine, aux
» pieds de quelques personnes. On ne trouve
» cette espèce de pierre nulle part, dans le
» territoire de Sienne. »

Le comte de Bristol joignit à sa relation,
un morceau d'une des plus grosses de ces

piei 'es, qui dans son entier pesoit plus de cinq livres; une autre pierre envoyée entière à Naples, pesoit environ une livre. Le dehors de toutes étoit noirâtre et présentoit les caractères d'une vitrification récente; l'intérieur étoit de couleur gris clair, mêlée de taches noires et de quelques parties brillantes que l'on prit pour des pyrites.

Suivant la relation de ce phénomène donnée par Ambrosio Soldani, ces pierres furent lancées chaudes, d'un nuage qui venoit du nord et qui paroissoit tout en feu, jetant de la fumée comme une fournaise, lançant des étincelles comme le font les fusées, et faisant entendre de violentes détonations, dont le bruit étoit plus analogue à celui d'un canon ou d'une décharge de mousqueterie qu'à celui du tonnerre.

Ces pierres, d'après Pictet, sont très-ressemblantes à celles qui tombèrent depuis à Sales en 1798, mais leur tissu est moins compacte et leur couleur plus blanche.

Le comte de Bournon en décrivit une ainsi qu'il suit, dans un Mémoire dont la traduction est insérée au tome V du Dictionnaire de chimie de l'Encyclopédie méthodique, page 549.

Cette pierre étoit entière , et par conséquent recouverte partout de la croûte noire qui est commune à ces sortes de productions. Comme la pierre étoit très-petite , on fut obligé de la sacrifier en entier à l'analyse. Son grain étoit grossier et semblable à celui de la pierre de Bénarès. On y retrouvoit les mêmes corps gris globulaires , la même sorte de pyrite martiale , et les mêmes particules de fer à l'état métallique. La proportion de ces dernières étoit bien moindre que dans la pierre de l'Yorck-Shire , mais paroissoit plus grande que dans celle de Bénarès. La même substance terreuse grisâtre servoit de ciment , et on n'y observoit rien de plus , sinon quelques globules composés en entier d'oxide noir de fer attirable à l'aimant , et un seul globule d'une autre substance qui paroissoit différer de toutes celles qu'on vient de décrire.

Cette dernière substance avoit un éclat parfaitement vitreux , et étoit tout-à-fait transparente ; sa couleur étoit le jaune pâle tirant légèrement sur le vert , et sa dureté égaloit à peine celle du spath calcaire : malheureusement elle étoit en quantité trop petite pour que l'on put en essayer l'analyse.

Les pierres tombées à Sienne , étoient

recouvertes d'une croûte noire plus mince
que celle des autres pierres de même origine,
auxquelles elles furent comparées; elles en
différoient encore en ce qu'elles sembloient
avoir subi une sorte de retrait qui avoit
occasionné un certain nombre de fissures ou
de filons qui formoient des compartiments
un peu ressemblants à ceux qu'on remarque
dans les ludus; au surplus, la pesanteur spécifique de cette pierre étoit de 3,418, ce
qui se rapporte assez bien avec celle des
autres pierres de même origine.

Edward Howard, célèbre chimiste anglais, examina les pierres de Sienne, comparativement à celles tombées à Bénarès
en 1798; et son Mémoire relatif à cet objet
fut imprimé en 1802, dans les Transactions philosophiques. D'après cet auteur,
leur enveloppe paroît semblable à celle qui
recouvre les pierres tombées à Bénarès;
elles renferment dans leur intérieur des
pyrites qui ne sont pas cristalisées, et ne
peuvent point être séparées du reste de la
masse par des moyens mécaniques; elles
renferment aussi d'autres portions métalliques que l'aimant en sépare facilement,
lesquelles lui parurent composées de fer
                                    métallique

métallique renfermant d'un quart à un huitième de son poids de nickel. Quant à la partie terreuse, elle lui donna par l'analyse, outre une petite quantité de soufre qu'il n'a pas appréciée,

|  |  |
|---|---|
| Silice . . . . . . | 46,67 |
| Magnésie . . . | 22,67 |
| Oxide de fer . . | 34,67 |
| Oxide de nickel | 2,00 |
| TOTAL . . . . . . | 106,01 |

ce qui donne une augmentation de poids de six pour cent, sans compter le poids du soufre qui a été négligé.

La partie terreuse analysée avoit été séparée assez exactement d'avec les parties métalliques attirables à l'aimant, et autant que possible de quelques petits corps globuleux qui se trouvent renfermés dans sa pâte, ainsi que dans celle des pierres de Bénarès.

Cette grande augmentation de poids dans une analyse qui ne peut se faire sans éprouver quelque perte, ne doit être attribuée qu'à la sur-oxidation des métaux contenus dans la partie terreuse, et surtout à celle du fer, qui, comme tous les chimistes le

reconnoissent, peut s'unir à des proportions très - variées d'oxigène. Chacun sait
d'ailleurs, que l'on n'obtient qu'à un très-
haut point d'oxidation, le fer précipité de sa
dissolution dans l'acide muriatique concen-
tré, comme le fit Howard dans son opération, tandis qu'il n'est que très-peu oxidé
dans les pierres tombées dont il a fait les
analyses, ainsi que la couleur de ces pierres
et la malléabilité des grains ferrugineux le
démontrent évidemment.

Depuis la publication du Mémoire d'E-
dward Howard, le célèbre Klaproth a examiné et analysé les pierres tombées à Sienne
en 1794; et il résulte de son travail que leur
pesanteur spécifique est de 3,340 à 3,400,
et qu'il en a retiré,

| | |
|---|---|
| Fer natif. . . . . . . | 2,25 |
| Nickel. . . . . . . . | 0,60 |
| Oxide noir de fer. . | 25,00 |
| Magnésie. . . . . . | 22,50 |
| Silice. . . . . . . . | 44,00 |
| Oxide de manganèse | 0,25 |
| TOTAL. . . . . . . . | 94,60 |

et qu'il lui est resté pour le soufre une
partie du nickel et la perte 5,40.

La chûte des pierres tombées à Sienne, donna lieu à diverses conjectures sur leur origine. Comme elle avoit eu lieu dix-huit heures après une éruption du Vésuve, quelques-uns prétendirent qu'elle pouvoit avoir été causée par ce volcan, sans faire attention que Sienne en étant éloignée d'environ deux cent cinquante milles, il eût fallu que les pierres eussent été lancées paraboliquement à vingt lieues au moins d'élévation au-dessus de la surface de la terre, et avec une vitesse au moins neuf fois plus grande que celle d'un boulet de canon; ce qui les eût fait arriver en peu d'instants. Encore, dans ce résultat, faisons-nous abstraction de la différence de la pesanteur spécifique et de la résistance de l'air, qui dans la circonstance présente se trouveroit plus de deux mille fois plus grande que celle qu'éprouveroit un boulet de canon du même volume; en sorte que si une de ces pierres eût eu les dimensions d'un boulet de vingt-quatre, elle eût eu à vaincre de la part de la résistance de l'air une opposition de près d'un million de livres; et par conséquent sa force de projection eût été plus considérable que celle nécessaire pour faire parvenir une semblable pierre, des volcans de la lune sur la surface de la terre.

Cette conjecture ne pouvant donc acqué-rir aucun degré de probabilité, le profes-seur Soldani supposa que ces pierres étoient des concrétions formées dans l'atmosphère, de diverses exhalaisons qui ont lieu à la sur-face de la terre; mais dans cette supposi-tion il faudroit admettre que la silice et la magnésie qui ont résisté jusqu'à ce jour aux moyens de fusion les plus violents, et qui d'ailleurs n'entrent que difficilement en com-binaison, aient pu rester dissoutes à l'état gazeux, opinion infiniment hardie dont la probabilité ne peut être démontrée, même depuis que quelques expériences galvani-ques semblent devoir faire admettre que les terres ne sont que des oxides métalli-ques.

C'est pour essayer de donner une expli-cation plus plausible du surprenant phéno-mène de la chûte des pierres, qu'Edward King confondant avec elle les pluies de cen-dre qui eurent lieu à une multitude d'époques différentes, à la suite d'éruptions volcaniques, supposa que les pierres tombées étoient for-mées par les déjections ou les exhalaisons des

volcans , condensées ou réunies dans les parties élevées de l'atmosphère ; quelques physiciens ont même cru que les cendres volcaniques se trouvant réunies dans un nuage
orageux , auront pu s'y agglomérer comme
des grains de grêle, et qu'ensuite l'action du
fluide électrique aura été suffisante pour vitri-
fier leur surface. Mais outre l'improbabilité
de pareilles suppositions , il suffit pour se
convaincre parfaitement que le phénomène
de la chûte des pierres n'a aucune connexion
avec les phénomènes volcaniques , de rapprocher les époques des diverses chûtes de
pierres avec celles des différentes éruptions,
et bientôt on sera à même de reconnoître
que les opinions de King , d'Hamilton , et
de plusieurs autres, ont été hazardées trop
légèrement , et sans un examen et une discussion suffisante des faits qui auroient pu
être à leur connoissance. On leur doit cependant beaucoup de reconnoissance de ce
qu'ils ont recueilli plusieurs faits relatifs à
un phénomène qui , à l'époque à laquelle
ils s'en sont occupés , paroissoit encore fabuleux à beaucoup d'autres.

Les savants anglais furent ceux qui nous
firent connoître la chûte de pierres arrivée

à Sienne, au centre de l'Italie. Bientôt leur propre pays fut le théâtre d'un semblable phénomène, car l'année suivante un évènement de ce genre fut constaté de la manière la plus authentique dans l'Yorck-Shire.

Le dimanche 13 décembre 1795, à trois heures et demie après midi, il tomba près de l'habitation du capitaine Topham, à Wold - Cottage, dans l'Yorck-Shire , une pierre d'un volume considérable, en présence de plusieurs personnes qui attestèrent cet évènement remarquable par des certificats irrécusables.

Il résulte de la lettre que le capitaine Topham écrivit à ce sujet , d'après les renseignements qu'il eut soin de recueillir, et d'après les autres attestations qui furent données par les habitants du voisinage , que le poids de cette pierre étoit de trois stones treize livres ( cinquante-cinq livres à peu près, poids d'Angleterre, ou environ quarante-huit livres, poids de France, ou vingt-trois kilogrammes et demi ).

Elle avoit fait un trou d'un pied et demi de profondeur, dont un pied dans la terre végétale, et six pouces dans la terre solide. Il fallut quelque temps pour l'extraire , et cependant elle étoit encore chaude et fumante quand on la retira.

Plusieurs témoins la virent tomber; l'un en étoit éloigné de neuf verges, et deux autres de soixante-dix verges. Ces trois personnes entendirent dans le moment de la chûte plusieurs explosions à peu près de la force d'un coup de pistolet; suivant d'autres, le bruit fut analogue à celui de plusieurs coups de canon tirés au loin, à des intervalles assez rapprochés. La pierre avoit une odeur sulfureuse très-marquée; le temps étoit doux et le ciel sans nuage, il n'y eut ni éclair ni tonnerre pendant toute la journée; la pierre parut venir du sud-ouest, et sa forme étoit irrégulière et anguleuse.

Il parut au témoin le plus proche, que dans le moment de la chûte de la pierre, il en sortoit des étincelles. Dans les villages voisins on entendit comme plusieurs coups de canon tirés au loin sur la mer, et les personnes du voisinage distinguèrent un sifflement violent occasionné par la vitesse du projectile, ce qui leur fit craindre qu'il fut arrivé quelqu'accident dans les environs, et particulièrement dans l'habitation du capitaine Topham.

Cette pierre étoit entourée de la croûte noire torréfiée commune à toutes les autres du même genre. Examinée par de Bournon, elle lui présenta les mêmes parties intégrantes que les pierres de Bénarès, mais son grain se trouva plus fin ; elle renfermoit des grains irréguliers de la substance globuleuse qui a été remarquée dans les pierres de Bénarès ; enfin elle contenoit moins de parties pyriteuses et plus de fer attirable à l'aimant, ce qui permit de séparer, à l'aide du barreau aimanté, une quantité de ce fer égale à 0,08 ou 0,09 du poids total de la pierre. Le poids de quelques-unes de ces parcelles de fer étoit de plusieurs grains ; la portion terreuse étoit un peu plus tenace que dans la pierre de Bénarès, mais cependant peu dure, et ressembloit un peu au kaolin. La pesanteur spécifique de la pierre de l'Yorck-Shire, se trouva de 3,508.

Cette pierre fut analysée par Howard, qui reconnut que la partie métallique malléable séparée par l'aimant, renfermoit 76,46 de fer, 11,77 de nickel, et qu'elle avoit entraîné avec elle 11,77 de la partie terreuse.

La partie terreuse analysée séparément, lui donna,

Silice. . . . . . .    50,00
Magnésie. . . .    24,33
Fer oxidé. . . .    32,00
Nickel . . . . .     1,34
                    ———
TOTAL. . . . . .    107,67

ce qui donne une augmentation de 7,67 que l'on doit attribuer à l'oxidation du fer, ainsi que nous l'avons observé précédemment.

On peut remarquer que cette pierre est l'une de celles dont la chûte ne fut accompagnée par aucun météore lumineux, et que les étincelles qui parurent en sortir ne peuvent être attribuées qu'à sa grande chaleur, et surtout à la combustion des parties métalliques superficielles.

On trouve dans le Mémoire de Howard et de Bournon, que Southey voyageant en Portugal, en 1796, rapporta un détail certifié juridiquement, de la chûte d'une pierre que l'on entendit tomber le 19 février 1796, laquelle pesoit dix livres, et fut retirée encore chaude du trou qu'elle avoit creusé dans la terre. Ce fait se trouve aussi consigné dans les lettres que Southey écrivit pendant son séjour en Espagne et en Portugal.

Depuis peu d'années l'Italie, l'Angleterre, et le Portugal venoient d'être les théâtres de diverses chûtes de pierres, lorsque ce phénomène fut de nouveau observé en France avec attention, quoique cependant avec défiance, par des savants justement célèbres.

Sage, de Drée, et Prévost ont fait insérer dans le tome LVI du Journal de physique, diverses relations d'une chûte de pierres qui eut lieu en 1798, dans la commune de Sales, près Villefranche, département du Rhône. Ils ne sont point d'accord sur le jour où cet évènement remarquable eut lieu, mais tous trois s'accordent à le placer dans le mois de mars 1798; car ce ne peut être que par une erreur de l'imprimeur ou du copiste que le mois de juin se trouve indiqué par Sage dans le Journal de physique, puisque dans la même relation communiquée par l'auteur au professeur Izarn, le mois de mars s'est trouvé indiqué. Un fragment de cette pierre a été remis à Sage par le sénateur Chasset, et étoit accompagné d'une relation du fait écrite par M. Lelièvre, habitant de Villefranche, qui probablement ne l'avoit faite que sur les rapports qu'il eut soin de recueillir.

Quant à la relation de de Drée, elle a été écrite sur les lieux, d'après une enquête qu'il a faite lui-même, et suivant la déposition des témoins oculaires de ce phénomène; il est donc présumable que la date indiquée par lui est véritable, et que la chûte de la pierre eut lieu le 12 mars 1798, à environ six heures du soir. Donc, si M. Prévost prouvoit d'une manière incontestable ( ainsi qu'il avance pouvoir le faire ), que le 8 mars 1798, on vit à Genève un météore très-brillant allant à peu près de l'est à l'ouest, il faudroit en conclure que ce météore n'a eu aucun rapport avec la chûte de pierre en question, et que ce n'est que d'après la connexion que l'on a voulu établir entre l'apparition des météores lumineux et la chûte des pierres, que Pictet a placé au 8 de mars la chûte de la pierre tombée à Sales; les dates s'opposant évidemment à toute espèce d'identité. Rien ne prouvant d'ailleurs que le météore vu à Genève fut un bolide, ainsi que l'a avancé M. Prévost, si par la dénomination de Bolide l'auteur a prétendu désigner une pierre tombée de l'atmosphère.

J'observerai encore à l'appui de cette opinion, que le météore vu par M. Prévost, n'ayant pu avoir moins de soixante mètres de diamètre d'après son rapport, eût paru immense aux habitants de Sales, qui l'ont aperçu de très-près, et que trois d'entr'eux s'étant trouvés à cinquante pas du lieu de la chûte, eussent été enveloppés dans l'atmosphère lumineuse qui formoit ce globe, duquel ils eussent probablement ressenti les effets. Ces deux phénomènes ne me paroissent donc avoir aucun rapport, et les rapprochements faits après coup par plusieurs personnes respectables par leurs connoissances, me paroissent avoir été faits sans preuves suffisantes.

Quant à la différence de poids de cette pierre, comme Sage indique vingt-cinq livres et de Drée vingt livres, et que l'un et l'autre n'ont écrit que ce qu'ils ont appris par les relations des témoins, qui avoient brisé la pierre avant de la peser, je crois qu'on doit regarder le rapprochement de ces deux citations comme une preuve de plus de l'identité des faits, et non comme une contradiction, ainsi que l'a avancé M. Prévost.

Voici donc le fait tel que le conflit des

rapports paroît nous l'avoir transmis d'une manière incontestable.

Le 12 mars 1798, à l'entrée de la nuit, c'est-à-dire, vers sept à huit heures du soir (le soleil se couchant à cette époque à cinq heures quarante-sept minutes, et le crépuscule prolongeant les jours jusqu'à six heures et demie), on vit dans la commune de Sales et dans les villages environnants, un corps igné qui se dirigeoit de l'est à l'ouest, avec une rapidité extraordinaire, laissant après lui une trace lumineuse, et jetant des étincelles avec un pétillement continuel. Son élévation étoit peu considérable; il passa en sifflant fortement au-dessus de plusieurs personnes, se précipita avec bruit à vingt pas d'une maison habitée par une famille entière, et en présence de plusieurs autres témoins, dont trois n'étoient éloignés que de cinquante pas du lieu de la chûte.

Le lendemain matin, l'adjoint de la commune de Sales et plusieurs autres personnes se rendirent sur la place où on avoit vu le corps lumineux s'enfoncer dans la terre; là ils trouvèrent un trou fort évasé, creusé d'un pied et demi dans la terre végétale, au fond duquel étoit une grosse masse noire ovoïde, de forme irrégulière, et d'après le rapport des témoins, de la grosseur à peu près d'une tête de veau ; elle étoit recouverte d'une croûte noirâtre, et quoiqu'elle ne fut plus chaude, avoit conservé l'odeur de poudre à canon. Cette masse de pierre étoit fendue dans plusieurs endroits ; elle fut pesée et cassée sur-le-champ, et il paroît que son poids étoit de vingt livres ou environ.

Pictet a assuré à de Drée, qu'à l'époque où ce phénomène eut lieu, il aperçut, ainsi que beaucoup d'autres d'habitants de Genève et des villes voisines jusqu'à Berne, un corps lumineux qui parut tout à coup au sud, en s'avançant très-rapidement de l'est à l'ouest : on crut alors que cette apparition étoit due à un météore, ce qui dans ce cas pouvoit paroître probable ; mais il paroîtra aussi que le savant professeur de Genève a confondu les deux phénomènes, si on admet comme constant d'après les observations de Prévost, que le météore fut visible le 8 mars, et que la chûte de pierre n'eut lieu que le 12, ainsi que l'a démontré l'enquête faite par de Drée.

Quoi qu'il en soit, la pierre tombée à Sales, présenta à l'examen les mêmes caractères

et les mêmes principes constituants que
les autres pierres tombées. Sa couleur dans
l'intérieur est le gris cendré non éclatant,
formé d'un mélange de parties blanchâtres et
de points noirs métalliques; sa cassure est grenue, approchante de celle des granits à petits
grains, inégale, et raboteuse. Elle ne répand
point d'odeur argilleuse par le souffle; elle
est peu tenace, maigre au toucher, magnétique, et le poli permet de distinger ses
éléments minéralogiques, qui sont,

1º Des grains de fer métallique malléable, souvent de grosseur imperceptible,
mais qui atteignent quelquefois le poids de
vingt-quatre grains : cette grenaille de fer
est un peu plus blanche et moins ductile
que le fer forgé; elle est aussi plus dure,
ce qui est dû au soufre et au nickel qu'elle
renferme en petites proportions ;

2º Des pyrites lamelleuses d'un blanc
jaunâtre, disséminées en grains épars dans
la masse, ou tapissant les fissures que la
pierre présente ;

3º Des globules sphériques ou irréguliers, d'un gris foncé, fragiles, à cassure
unie et compacte, non effervescents par les
acides, et infusibles au chalumeau ;

4° D'autres parties globuleuses irrégulières, peu dures, d'un vert olivâtre, quelquefois un peu jaunâtre, dont la cassure a un aspect gras et luisant, et qui se confondent avec la pâte principale de la pierre, qui est peut-être de même nature.

La superficie de la pierre est formée par une croûte noire vitrifiée, légèrement boursouflée, étincellante au briquet, de laquelle l'épaisseur est au plus d'un quart de ligne, et à la surface de laquelle on distingue quelques grains de fer et quelques globules gris qui ont résisté à la fusion.

L'action de la chaleur qui a produit la vitrification, n'a agi qu'à la surface de la pierre et dans quelques fentes, ce que démontre l'intégrité des parties pyriteuses, qui ont conservé leur brillant et leur cassure lamelleuse, et sont restées sans altération très-près de la croûte vitrifiée. Ce qui confirme cette opinion, c'est que la partie blanche terreuse se fond au chalumeau en scorie noire boursouflée, ressemblante à la croûte vitreuse.

Cette pierre analysée par Vauquelin, lui a donné,

Silice

Silice. . . . . . . . . 0,46
Oxide de fer. . . . 0,38
Magnésie. . . . . . 0,15
Nickel. . . . . . . . 0,02
Chaux. . . . . . . . 0,02

TOTAL. . . . . . . . 1,03

ce qui donne 0,03 d'augmentation dus à l'oxidation du fer, qui, pendant l'opération, a dû absorber une quantité plus considérable d'oxigène. Le nickel et un peu de soufre dégagés pendant l'analyse, paroissoient avoir été combinés aux grains de fer métallique.

C'est après la chûte de pierre arrivée à Sales, en 1798, que Chladni place dans son Catalogue le phénomène analogue arrivé près de Bialoczer-Kiew, dans la Russie méridionale, duquel Kortum a fait mention dans le Magasin de Voigt, sans faire connoître ni l'année, ni le jour de la chûte. N'ayant sur ce fait nul autre renseignement, je ne le place ici que pour suivre l'exemple qui m'a été donné par Chladni.

En terminant cette section, je crois devoir faire remarquer combien souvent il est difficile de faire admettre par les savants

eux-mêmes, les vérités les plus évidentes
et les mieux constatées. L'Académie des
sciences avoit en vain nommé des commissaires pour s'assurer de la réalité du phénomène de la chûte des pierres ; plusieurs parties de la France, de l'Allemagne, de l'Italie,
et de l'Angleterre, en avoient presque en
même temps été le théâtre ; des procès-ver-
baux juridiques et une multitude de témoins
en attestoient déjà l'existence dans toute
l'Europe, sans que l'opinion de la plupart
des gens érudits en fût ébranlée ; presque
tous regardoient avec dédain les pièces de
conviction qui leur étoient offertes, et n'é-
coutoient qu'avec mépris les récits circonstanciés qui leur étoient faits , sans même
daigner les comparer entr'eux pour en dé-
duire quelque probabilité.

Aussi pendant tout l'espace de temps renfermé dans cette troisième section , les pierres
tombées du ciel, reléguées dans les collections de quelques curieux, ne furent-elles
point examinées par les chefs de l'Ecole
moderne , ou ne le furent qu'avec peu
d'attention , et avec l'intention bien formée de nier la possibilité de ce phénomène.
Les analyses que nous avons citées , et les

descriptions que nous avons données, des pierres dont les chûtes se sont trouvées classées dans cette troisième section, ne furent à la vérité faites que dans des temps postérieurs ; mais ne doit-on pas s'étonner avec raison, du pyrrhonisme des savants, qui refusèrent si long - temps de se rendre à l'évidence, et d'employer pour se convaincre de l'exactitude des témoignages, les moyens que la science mettoit entre leurs mains, qui les leur eussent confirmés de la manière la plus positive.

## QUATRIÈME SECTION.

La chûte de pierre qui eut lieu en 1798, dans la commune de Sales, au centre de la France, avoit été d'abord observée avec défiance et dédaignée par les hommes les plus instruits, lorsqu'enfin, dans la même année, des pierres tombées près de Bénarès, dans le Bengale, fixèrent l'attention de tous les physiciens de l'univers. L'Europe savante qui jusqu'à ce moment avoit rejeté la possibilité d'un fait qui lui étoit attesté, à tant d'époques différentes, par une foule de témoins oculaires, attendit pour l'admettre, que les barbares habitants de l'Inde vinssent fixer ses regards sur ce phénomène, dont ses provinces avoient si souvent été le théâtre : tant il est vrai que partout l'homme méprisant ce qui l'entoure, se fait une puérile gloire de son incrédulité, tandis qu'avide des récits si souvent mensongers qui lui parviennent des pays lointains, il les adopte préférablement à ceux dont il pourroit lui-même vérifier l'exactitude ! C'est ainsi que les physiciens modernes qui jusqu'alors s'étoient refusés à l'évidence, reconnurent pour la première fois la réalité des chûtes de pierres, lorsque John - Loyd William leur eut transmis les récits des habitants superstitieux de l'Inde, et eut par là fixé leur attention, sur les pierres qui tombèrent à environ huit heures du soir, le 19 décembre 1798, près de Krak-Hut, village situé au nord de la rivière Soomty, à environ quatorze milles de Bénarès, l'une des plus grandes villes de l'Indoustan, située sur les bords du Gange, par le 26° de latitude nord.

Les habitants de Bénarès et des environs de cette ville, observèrent dans le ciel, du côté de l'occident, un météore très-lumineux, sous l'apparence d'une grosse boule de feu. Cette apparition qui ne dura que peu d'instants, fut accompagnée d'un grand bruit, semblable au tonnerre, et fut suivie de la chûte de beaucoup de pierres dans le voisinage de Krak-Hut. Ce globe lumineux fut observé par plusieurs personnes des environs de Juan-Poor, lieu distant de douze milles de Krak-Hut. La lumière vive et momentanée qu'il répandit dans ce lieu, fut comparée à celle du clair de lune le plus brillant, et le bruit qu'il fit, à un feu de peloton mal exécuté. Les pierres qui tombèrent proche de ce lieu, paroissoient disséminées à une centaine de verges les unes des autres, et étoient enfoncées de six pouces en terre. Les Indiens effrayés craignirent que quelques-unes de leurs divinités n'eussent pris part à cet évènement remarquable, et attendirent avec crainte le retour du soleil, dont la lumière bienfaisante dissipa leur effroi. La terre fraîchement remuée de distance en distance, leur fit bientôt connoître un des effets du phénomène qui la veille les avoit intimidés, et se hasardant à fouiller les trous épars dans la campagne, ils trouvèrent au fond de chacun d'eux la pierre qui l'avoit creusé en tombant. Les fonctionnaires publics indiens et anglais, certifièrent de la manière la plus authentique cet évènement, dont un garde de nuit avoit pensé être la victime, une des pierres, du poids de deux livres, étant tombée sur le toit dé sa hutte, qu'elle perça, en conservant encore assez de force pour s'enfoncer de plusieurs pouces dans le sol qui étoit très-endurci.

Depuis l'époque où la chûte arrivée près de Bénarès fut constatée et admise par l'Europe savante, lord Valentia voyageant dans la contrée où ce phénomène avoit eu lieu, s'occupa de recueillir des témoignages propres à rendre sa certitude encore plus complète.

Cauzy - Syud - Hussein - Ally rapporta que le 27 du mois d'aghun 1206 fussily, à la quatrième ghurie de la nuit, un grand météore que dans la langue des Indous on appelle *louke*, se montra du côté de l'ouest. Il répandit une vive lumière, et se brisant dans les airs, se divisa en plusieurs éclats. Trois détonations semblables à des coups de canon, se firent d'abord entendre et furent suivies de plusieurs autres qui ressemblèrent à une décharge de mousqueterie. On ne vit point alors les pierres qui tombèrent du ciel, mais le lendemain matin les gens du village les aperçurent. Ces pierres avoient de trois jusqu'à huit angles, et leur poids varioit entre cinq secs (environ dix livres) et quatre pices (environ quatre onces). Elles étoient tombées sur les jachères et les champs situés autour du village. On apprit que leur chûte avoit eu lieu dans les villages de Jewat et de Secroteh, situés dans les possessions du visir, et dans ceux de Guddowlée, Cutthow'e, et de Gopoulpoot, ainsi que dans le Tuppeh-Pissareh, situés sur le territoire de la Compagnie, c'est-à-dire, dans une étendue d'un coss en longueur ( deux milles ). Ces pierres étoient noires, elles avoient une odeur de poudre à canon, et leur cassure présentoit l'apparence d'un agrégat de sable fin et friable.

La même relation porte à neuf ou dix le nombre des pierres qui ont été retrouvées ou au moins dont la chûte fut constatée dans cette circonstance, et à la suite se trouvent les rapports confirmatifs de cinq autres habitants des lieux où ce phénomène est arrivé.

A l'instant où le phénomène eut lieu, le ciel étoit parfaitement serein ; on n'avoit pas vu la moindre apparence de nuage depuis le 11 du mois, et on n'en vit paroître aucun pendant plusieurs jours après. Ces pierres étoient de figures irrégulières, quelques-unes grossièrement cuboïdes, et toutes avoient leurs angles et leurs arêtes arrondies. Leurs dimensions varioient entre trois ou quatre pouces et même plus ; elles se ressembloient toutes très-exactement, étant recouvertes d'une croûte noire et dure, qui dans quelques endroits leur donnoit un aspect vernissé. Celles de ces pierres qui furent décrites par le Comte de Bournon, n'avoient rien de luisant à leur surface, mais au contraire étoient revêtues d'aspérités.

A l'intérieur, les pierres tombées près de Bénarès sont de couleur gris cendré, et d'un tissu granuleux semblable à celui d'un grès grossier; on y distingue aisément, à l'aide de la loupe, quatre substances différentes.

L'une qui est assez abondante, est en grains sphériques ou ellipsoïdes de grosseur variable, entre celle de la tête d'une petite épingle et celle d'un pois; quelques-uns même sont plus gros. Leur couleur est grise tirant souvent sur le brun, et ils sont absolument opaques; ils se brisent facilement dans tous les sens, leur cassure est couchoïde, et présente un grain très-fin, compacte, légèrement lustré, et ressemble un peu à la cassure de l'émail; ils enlèvent par le frottement le poli du verre, mais ne le coupent pas; et enfin ils donnent de foibles étincelles quand on les frappe avec l'acier.

La seconde de ces substances est du fer

sulfuré de forme indéterminable et de couleur jaune rougeâtre : son tissu est granuleux, peu cohérent, et sa poussière est noire ; il n'est point attirable à l'aimant, et est irrégulièrement disséminé dans la substance de la pierre.

La troisième est du fer métallique et malléable, disséminé en petits grains attirables à l'aimant, moins nombreux que les grains de pyrite, et qui paroissent former les deux centièmes de la masse totale.

Ces trois substances sont réunies entr'elles par une quatrième d'un gris blanchâtre, de consistance presque terreuse, susceptible d'être séparée des autres à l'aide de la pointe du couteau, et même avec l'ongle, et de laquelle la ténacité est si peu considérable, que la pierre peut être brisée avec les doigts.

La croûte noire quoique mince, est assez dure pour donner de brillantes étincelles à l'aide du briquet ; elle se brise sous le marteau, et est attirable à l'aimant comme l'oxide de fer noir auquel elle ressemble beaucoup ; enfin elle est mêlée çà et là de particules de fer à l'état métallique, qui peuvent être rendues visibles à l'aide de la lime.

Les pierres tombées à Bénarès ne don-

nent point d'odeur argilleuse par le souffle ;
leur pesanteur spécifique est de 3,352; et
par conséquent un peu moindre que celle
de plusieurs autres pierres de même origine
qui contiennent une plus grande quantité
do particules ferrugineuses , mais ordinairement beaucoup moins de fer sulfuré et
do parties globuleuses.

Outre les substances observées dans ces
pierres par le comte de Bournon , Pictet
remarqua qu'une partie des corps globuleux
qu'elles renferment sont jaunâtres, demi-
transparents, et ont l'aspect de la stéatite.

Le célèbre chimiste Howard a publié
l'analyse qu'il a faite d'une des pierres de
Bénarès, dont il a examiné séparément les
diverses substances composantes. Ayant détaché une portion de la croûte noire, il a
essayé d'en faire l'analyse, mais la petite
quantité qu'il en obtint et son mélange avec
les parties terreuses, ne lui ont pas permis
d'espérer d'en déterminer les proportions.

Etant ensuite parvenu à séparer seize grains
de pyrite, il a reconnu qu'ils renfermoient
encore deux grains de substance terreuse
étrangère, et que les quatorze grains restant
étoient à peu près formés de

Soufre. . . . . . . 0,143
Fer métallique. . 0,750
Nickel. . . . . . . 0,071

TOTAL. . . . . . . . 0,964

ce qui lui a donné une perte de 0,036 : déficit très-peu considérable en raison de la très-petite quantité sur laquelle il a opéré, et qui peut en partie être attribué au soufre volatilisé ou enlevé par l'hydrogène pendant l'opération.

Les parties ferrugineuses métalliques lui ont donné, par une analyse approximative, en faisant abstraction des parties terreuses qu'elles avoient entraînées, environ,

Fer. . . . . . . . 0,72
Nickel. . . . . . 0,28

TOTAL. . . . . . 1,00

Examinant ensuite les parties globuleuses, il a retiré,

Silice. . . . . . . . . . 0,500
Magnésie. . . . . . . . 0,150
Oxide de fer. . . . . 0,340
Oxide de nickel. . . 0,025

TOTAL. . . . . . . . . 1,015

ce qui lui a donné 0,015 d'augmentation, qui peuvent être attribués à l'oxidation des métaux pendant l'opération. Enfin la matière terreuse qui forme la masse séparée autant bien que possible, des autres substances qu'elle renferme, lui a donné à l'analyse,

$$
\begin{array}{lr}
\text{Silice.} & 0,480 \\
\text{Magnésie.} & 0,180 \\
\text{Oxide de fer.} & 0,340 \\
\text{Oxide de nickel.} & 0,025 \\
\hline
\text{TOTAL.} & 1,025
\end{array}
$$

l'augmentation devant également être attribuée à la sur-oxidation des métaux séparés par les réactifs.

Le Mémoire fait par Bournon et Howard avoit étonné l'Europe savante, et dès ce moment les hommes les plus habiles s'empressèrent de vérifier leur examen, et de comparer les faits qu'ils avoient constatés avec ceux dédaignés jusqu'alors et regardés commes des fables enfantées par une crédulité puérile. La pierre tombée à Ensisheim en 1492, avoit déjà été dégagée de la poussière qui la recouvroit; elle fut comparée à celles qui venoient d'être examinées. De Drée essaya une classification des faits parvenus à sa connaissance; Izarn rassembla dans sa Lithologie atmosphérique les matériaux épars dans beaucoup d'ouvrages différents; divers physiciens s'efforcèrent d'expliquer un fait dont la cause leur étoit inconnue; et enfin l'Institut de France, le corps le plus savant du monde, s'occupa de discuter les opinions, et attendit avec impatience que l'occasion de constater le phénomène de la chûte des pierres se présentât de nouveau : en sorte que c'est véritablement au commencement du dix-neuvième siècle, que doit être placée l'admission du phénomène de la chûte des pierres au nombre de ceux qui sont constatés d'une manière irrévocable.

Déjà Howard avoit démontré l'identité des pierres tombées en Angleterre, en Italie, en Bohème, et aux Indes Orientales, quand Vauquelin publia son intéressant travail, dans lequel il démontra aussi la parfaite idendité de ces pierres avec celles tombées à Barbotan.

Les pierres de Bénarès analysées par lui, lui donnèrent les mêmes principes constituants que ceux qu'avoit indiqués Howard; et la parfaite similitude des résultats obtenus

par ces deux habiles chimistes , confirma
encore l'exactitude de leurs travaux.

Vauquelin n'avoit point eu une suffisante
quantité de pierres de Bénarès, pour en analyser séparément toutes les parties distinctes,
ainsi que l'avoit fait Howard , mais il trouva
que les parties ferrugineuses séparées à
l'aide d'un tamis fin , lui donnèrent de cinq
à six centièmes de nickel et autant de soufre, et que le surplus de la partie terreuse
étoit formée de ,

| | |
|---|---|
| Silice. . . . . . . . | 0,48 |
| Oxide de fer. . . | 0,38 |
| Magnésie. . . . . | 0,13 |
| Nickel. . . . . . | 0,03 |
| TOTAL. . . . . . . . | 1,02 |

et d'une très-petite quantité de soufre qu'il
ne put déterminer exactement.

Chacun s'empressa alors d'établir son sys-
tême sur l'origine de ces composés étrangers au domaine de la terre, par tout presque semblables entr'eux , mais différant
essentiellement de tous les minéraux connus.
Leur origine vainement recherchée sur le
globe que nous habitons, fut supposée dans
les cieux.

Quelques-uns en attribuèrent la cause à des météores ignés, ne réfléchissant pas que toutes les chûtes de pierres n'avoient pas été accompagnées d'apparition de lumière; d'ailleurs Howard soumettant un fragment d'une des pierres de Bénarès, à la décharge d'une forte batterie électrique, la rendit lumineuse dans l'obscurité, pendant plus d'un quart - d'heure, et la trace du fluide resta noire; d'où l'on peut conclure que lorsque l'atmosphère est très-chargée d'électricité, le corps peut paroître lumineux pendant sa chûte, sans pour cela induire qu'il doit son origine à un météore.

L'opinion qui suppose ces pierres détachées de la lune, quoique bien extraordinaire, est encore moins impossible à admettre que celles dans lesquelles on les suppose formées dans l'atmosphère, et la discussion où nous allons entrer relativement aux chûtes de pierres constatées depuis le Mémoire d'Howard, va nous servir à éclairer davantage cette question, sur laquelle on ne sera probablement pas de sitôt d'accord.

C'est dans ces entrefaites que tombèrent, proche de l'Aigle, une grande quantité de pierres,

pierres , le 26 avril 1803 , entre une et deux heures de l'après-midi. Marais l'un des témoins oculaires a annoncé le premier cet évènement remarquable.

« Mardi dernier, dit-il, entre une et deux
» heures de l'après-midi, nous fûmes surpris
» par un roulement qui étoit semblable au
» tonnerre, nous crûmes que c'étoit le bruit
» d'un cabriolet, ou le feu dans le voisinage ;
» nous sortîmes et fûmes étonnés de voir l'at-
» mosphère assez nette , à quelques petits
» nuages près, qui n'étoient pas assez épais
» pour dérober la clarté du soleil. Tous les
» habitants du Pont-de-pierre étoient à
» leurs fenêtres et dans les jardins, se de-
» mandant ce que pouvoit être un nuage
» qui paroissoit dans la direction du sud au
» nord, et d'où partoit ce bruit. La surprise
» fut très-grande, lorsque l'on apprit qu'il
» en étoit tombé des pierres très-grosses et
» en très-grand nombre , parmi lesquelles il
» y en avoit de dix, onze, et jusqu'à dix-
» sept livres pesant, tombées depuis l'habi-
» tation des Buats jusqu'à Gloss, en passant
» par Saint - Nicolas , Saint-Pierre, etc. »
Marais ajoute que ceux qui furent témoins d'un évènement aussi extraordinaire,

entendirent comme un coup de canon,
ensuite deux autres coups plus forts que
le précédent, suivis d'un roulement qui
dura environ dix minutes, et fut accompagné de sifflements causés par la chûte des
pierres. On n'entendit plus rien après. Les
paysans furent effrayés, et on observa
même qu'avant la chûte, les animaux paroissoient fortement affectés. Les plus grosses
de ces pierres entrèrent en terre à au moins
un pied de profondeur. On en trouva près
de Gloss, une grande quantité, et il se
débita à ce sujet, parmi le peuple, des histoires sans nombre plus ou moins absurdes.
Ceux qui voulurent ramasser ces pierres
aussitôt après leur chûte, en furent brûlés.

La lettre qui renferme ces détails étoit
écrite, et son auteur avoit déjà reçu de ces
pierres de plusieurs des témoins de leur
chûte, dont aucun ne lui avoit fait mention d'un globe de feu, lorsque le sieur Le-
buat l'aîné lui fit ajouter qu'on avoit vu
planer dans la prairie un globe de feu, qui
probablement étoit un feu folet.

Ce phénomène annoncé dans Paris, excita
l'attention de tous les savants de cette superbe capitale du monde. Chacun d'eux

crut en examinant les faits, pouvoir écarter le voile qui déroboit leur cause. L'illustre corps de l'Institut s'en occupa sérieusement, et ses membres les plus célèbres ne dédaignèrent point de rassembler tous les détails qui devoient répandre la lumière sur cet évènement remarquable.

Fourcroy et Vauquelin, dont les noms chers aux chimistes se rattacheront à jamais à l'époque la plus brillante de cette science si nécessaire aux progrès des arts, et par là même utile à la prospérité des empires, s'occupèrent particulièrement de constater ce fait remarquable. Le premier de ces savants, duquel nous avons à regretter la perte encore récente, lut à la séance publique de l'Institut, le 28 fructidor an 11, un Mémoire relatif au phénomène qui, quelques mois auparavant, avoit étonné les habitants de l'Aigle. Là, attaquant le préjugé qui jusqu'alors avoit fait regarder les chûtes de pierres comme des fables, il en reconnut la certitude, et rapporta les faits dont Marais venoit de donner connoissance, en joignant à son récit celui de Leblond, membre de l'Institut, et habitant de l'Aigle depuis plusieurs années.

Voici ce que ce savant écrivit alors à Lenoir :

« Le 6 de ce mois, à une heure de l'après-
» midi, l'air étant plus froid que chaud,
» le ciel serein, on entendit dans l'espace
» de deux miriamètres, aux environs de
» l'Aigle, un bruit de tonnerre fort extraor-
» dinaire par son roulement continu, qui
» dura cinq ou six minutes, étant accom-
» pagné d'explosions fréquentes semblables à
» des décharges de mousqueterie. La direc-
» tion de cet orage ou plutôt de ce phéno-
» mène, étoit du midi au nord.

» Comme cet évènement a répandu la
» terreur dans tous les lieux où on l'a re-
» marqué, plusieurs personnes en ont fait
» des relations verbales, mêlées sans doute
» de quelque exagération, et parce qu'on
» aime à augmenter le danger auquel on
» s'est cru exposé, et parce que ceux qui
» font de tels récits ne sont pas ordinaire-
» ment physiciens.

» Le résultat de tous ces récits m'a pré-
» senté deux faits, qui ont fixé mon atten-
» tion ;

» 1° Un orage qu'on peut regarder comme
» extraordinaire, parce qu'il a été subit,

» qu'il s'est manifesté dans une assez grande
» étendue, à la même heure, dans un court
» intervalle de temps, et que l'effroi s'est
» répandu par tout où ce phénomène a eu
» lieu ;

» 2° Des pierres trouvées à la suite de
» ce phénomène, à des distances considé-
» rables les unes des autres : pierres que
» le pays n'offre point ordinairement, qui
» présentent un certain éclat métallique,
» et qui ont tous les caractères des subs-
» tances soumises à un feu violent. J'en ai
» eu sept entre les mains, recueillies dans
» des lieux différents ; la plus forte pesoit
» dix-sept livres. »

Dans une seconde lettre, Leblond donne
des détails plus positifs encore : « Une grande
» explosion eut lieu dans le village de la
» Vassolerie; on y avoit remarqué un nuage
» électrique sans pluie ni grêle. L'explosion
» fut suivie d'un bruit sourd et violent,
» semblable à celui de la chûte d'un corps
» très - lourd. Six personnes se tranportè-
» rent au lieu d'où ce bruit partoit; à cin-
» quante mètres de distance, elles virent
» à l'entrée d'un pré, un trou du diamètre
» d'un boulet de vingt-quatre, et profond

» de près de cinq décimètres. On en retira
» une pierre, pesant neuf kilogrammes.»

Quelques jours après, Leblond se transporta lui-même dans la prairie. Il vit que la
pierre s'étoit arrêtée sur une couche de silex,
et que de petites touffes de gazon avoient
été éparpillées à l'entour. On lui apporta
successivement neuf pierres, tombées à la
même heure, à Saint-Nicolas-de-Sommaire,
au Fontenil, et dans toute cette région du
midi au nord, occupant l'espace de deux à
quatre kilomètres.

Plusieurs de ces pierres furent envoyées à
Paris : Fourcroy en reçut deux de Leblond
lui-même. Elles sont toutes irrégulières ;
poliédriques, souvent cuboïdes, quelquefois subcuneïformes, de diamètre et de
poids très-varié ; toutes recouvertes d'une
croûte noire graveleuse, formée d'une matière fondue et remplie de petits grains de
fer agglutinés. La plupart sont cassées dans
plusieurs de leurs angles, soit par leur
choc entr'elles, soit par la rencontre du
silex, sur la terre. Leur intérieur ressemble à celui de toutes les pierres analysées
par Howard et Vauquelin ; elles sont grises,
un peu variées dans leurs nuances, grenues

et comme écailleuses , fendillées dans beau-coup d'endroits , et remplies de parties bril-lantes métalliques. Leur aspect est le même que celui des autres pierres tombées du ciel.

Vauquelin et Fourcroy en firent l'ana-lyse , et reconnurent qu'elles étoient com-posées de

| | |
|---|---|
| Silice. . . . . . . | 0,53 |
| Fer oxidé. . . . | 0,36 |
| Magnésie. . . . | 0,09 |
| Nickel. . . . . | 0,03 |
| Soufre. . . . . | 0,02 |
| Chaux.. . . . . | 0,01 |
| TOTAL. . . . . . . | 1,04 |

ce qui donne une augmentation de poids de 0,04 , qui doit être attribuée à l'oxi-dation des métaux, opérée pendant l'analyse.

Le même Mémoire renferme une analyse de la pierre tombée à Ensisheim , de la-quelle nous avons déjà parlé précédemment, et est terminé par des réflexions sur l'ori-gine des pierres tombées de l'atmosphère. L'auteur y remarque que ces substances ne contiennent point d'alumine ; assertion qui peu de temps après se trouva démentie par Sage, et dont Vauquelin reconnut la fausseté. Mais Sage avoit annoncé une proportion beaucoup trop considérable d'alumine, et en cela avoit imité l'erreur que Bartold avoit faite antérieurement dans l'analyse de la pierre tombée à Ensisheim. La théorie anticipée que Sage essaya de joindre à ce Mémoire, est aussi dénuée de fondement que les proportions qu'il indique dans les éléments des pierres atmosphériques, le sont d'exactitude.

On doit cependant à ce savant respectable une véritable reconnoissance, puisqu'il a mis les plus habiles chimistes sur la voie qui devoit les conduire à la découverte de leur propre erreur.

Ce fut sur ces entrefaites qu'un ministre zélé pour le progrès des sciences et des arts, accéda au vœu de l'Institut, en désignant le savant Biot pour aller constater la réalité du phénomène dont le département de l'Orne venoit d'être le théâtre. Le plus jeune de ceux qui par la profondeur et la justesse de leur esprit ont mérité d'entrer dans ce corps illustre, partit donc pour se rendre à l'Aigle, le 7 messidor de l'an II, deux mois après l'évènement remarquable dont la mémoire étoit encore si récente.

Là, voulant mettre la vérité en évidence, et muni de tous les renseignements nécessaires, il s'achemina peu à peu vers le lieu où une abondante pluie de pierres étoit tombée le 6 floréal de l'an 11 ( 26 avril 1803 ).

Le désir de réunir un plus grand nombre de preuves, lui fit recueillir les renseignements les plus éloignés. Il s'occupa à rassembler et à comparer, à l'aide de la discussion la plus exacte et la plus savante, toutes les preuves qui paroissoient tendre à faire regarder comme véritables ou comme dépendantes du même phénomène, quelques circonstances qui ne lui furent attestées que par un petit nombre de témoins. Il écouta même ceux qui étoient éloignés du lieu de l'explosion, quoique souvent amateurs du merveilleux ils eussent pu supposer ou même croire se rappeler des choses dont tous ceux qui les environnoient n'avoient eu aucune connoissance.

C'est ainsi que prévenu d'avance, comme le prouve le récit de son voyage, que le phénomène de la chûte des pierres devoit avoir eu lieu à la suite d'un météore lumineux , et croyant d'après un mûr examen que tous les récits relatifs aux masses météoriques , font précéder leur chûte de l'apparition d'un globe de feu , il écouta avec attention le rapport d'un courrier de Brest à Paris, qui lui dit que le jour de la chûte, étant entre Saint-Rieux et Pré-en-pail, il vit dans le ciel un globe de feu qui parut, par un temps serein, du côté de Mortagne , et sembla tomber vers le nord ; que quelques instants après on entendit un grand bruit semblable à celui du tonnerre ou au roulement continu d'une voiture sur le pavé, et que ce bruit dura plusieurs minutes et fut sensible malgré celui de la chaise de poste qui rouloit alors sur la terre ; que l'heure étoit celle de midi trois quarts, et qu'il l'avoit aussitôt observé à sa montre, parce que cette vue l'avoit fort étonné. Il ajouta qu'en arrivant à Alençon, il avoit raconté ce fait dans la maison où il étoit descendu. Cela fut depuis confirmé à Biot, qui par la marche du globe de feu, par le bruit, et surtout par l'heure, jugea que c'étoit le commencement du météore de l'Aigle ; et depuis ce rapport plusieurs autres personnes assurèrent que le même globe de feu avoit été vu à Caen à la même heure, accompagné du même bruit.

A Alençon, on avoit entendu parler vaguement de ce phénomène, mais on n'avoit rien vu, et aucun bruit extraordinaire ne s'étoit fait remarquer... à Sèez, petite ville, à dix lieues au sud-ouest de l'Aigle on avoit entendu le bruit d'un météore ; on en indiquoit précisément le jour, l'heure, et les diverses circonstances.

En se rapprochant davantage de l'Aigle, le bruit de l'explosion s'étoit encore fait remarquer d'une manière bien plus frappante ; on le comparoit à celui d'un feu violent dans une cheminée, ou à celui d'une voiture roulant sur le pavé ; partout l'heure et le jour se trouvèrent semblablement indiqués. A Nonant, à Merleraut, à Sainte-Gauburge, et à l'Aigle, tout le monde avoit connaissance de la pluie de pierres tombée récemment dans le voisinage, et les circonstances en étoient racontées de la même manière. Des informations subséquentes apprirent que le globe de feu vu par le courrier de Brest s'étoit fait aussi remarquer à Caen, à Falaise, à Pont-Au-demer, et aux environs de Verneuil.

Du rapprochement de tous ces récits, il semble résulter évidemment les consé-quences suivantes :

1° Il y a eu aux environs de l'Aigle, le mardi 6 floréal an 11, vers une heure après midi, une explosion violente qui a duré pendant cinq ou six minutes, avec un roulement continuel ; cette explosion a été entendue à peu près de trente lieues à la ronde ;

2° Quelques instants avant, il a paru dans l'air un globe lumineux animé d'un mouve-ment rapide ; ce globe n'a pas été observé à l'Aigle, mais il l'a été de plusieurs villes environnantes, et très-distantes les unes des autres ;

3° L'explosion a été la suite de l'appari-tion d'un globe enflammé qui a éclaté dans l'air.

Les recherches que Biot fit relativement à la chûte dont il est ici question, lui donnè-rent enfin les résultats suivants, dont l'exac-titude est devenue incontestable.

Le jour indiqué ci-dessus, vers une heure après midi, le temps étant calme et serein , on aperçut de Caen, de Pont-Audemer et des environs d'Alençon, de Falaise et de Verneuil, un globe enflammé, d'un éclat très-brillant, qui se mouvoit dans l'atmosphère avec beaucoup de rapidité. Quelques instants après, on entendit à l'Aigle et autour de cette ville, dans un arrondissement de plus de trente lieues de rayon , une explosion violente, qui dura cinq ou six minutes , imi-tant trois ou quatre coups de canon , suivis d'une espèce de décharge, qui ressembloit à une fusillade. On entendit après comme un épouvantable roulement de tambour : l'air étoit tranquille et le ciel serein ; à l'excep-tion de quelques nuages, semblables à ceux que l'on voit fréquemment.

Le bruit partoit d'un petit nuage qui avoit la forme d'un rectangle, et dont le plus grand côté étoit dirigé de l'est à l'ouest. Il parut immobile pendant tout le temps que dura ce phénomème, seulement les vapeurs qui le composoient, s'écartèrent momenta-nément de différents côtés, par l'effet des explosions successives.

Ce nuage parut à peu près à une demi-lieue, au nord-ouest de l'Aigle ; il étoit très-élevé dans l'atmosphère , car les habitants de la Vassolerie et de Bois-la-ville, hameaux situés à plus d'une lieue de distance l'un de l'autre, l'observèrent en même temps au-dessus de leurs têtes. Dans tout le canton sur lequel ce nuage planoit, on entendit des sifflements semblables à ceux d'une pierre lancée par une fronde, et l'on vit en même temps tomber une multitude de masses solides exactement semblables à celles que l'on a désignées sous le nom de masses météoriques.

L'arrondissement dans lequel ces masses ont été lancées, a pour limites le château du Fontenil, le hameau de la Vassolerie, et les villages de Saint-Pierre-de-Sommaire, Gloss, Couvain, Gauville, et Saint-Michel-de-Sommaire.

C'est une étendue elliptique d'environ deux lieues et demie de long, sur à peu près une de large, la plus grande dimension étant dirigée du sud-est au nord-ouest par une déclinaison d'environ 22° : c'est la direction actuelle du méridien magnétique à l'Aigle.

De cette série de faits parfaitement démontrés, Biot crut avec raison devoir conclure, 1° que le météore n'avoit pas éclaté en un seul instant, car dans ce cas les pierres eussent été lancées dans un espace circulaire ; mais que la durée du bruit annonçcit une suite d'explosions successives qui ont dû répandre les pierres sur une étendue allongée, dans le sens suivant lequel le météore marchoit, et que cet allongement indique la direction horizontale du météore ; 2° qu'on peut présumer que la vitesse horizontale du météore lorsqu'il a éclaté, étoit peu considérable, et que c'est probablement pour cela qu'on le croyoit tout-à-fait immobile ; ce qui n'empêche pas d'ailleurs qu'il ne pût avoir une très-grande vitesse dans le sens vertical, puisque la vitesse horizontale est la seule que ce genre d'observation puisse faire connoître.

Les plus grosses pierres sont tombées à l'extrémité sud-est de l'ellipse, du côté du Fontenil et de la Vassolerie ; les plus petites sont tombées à l'autre extrémité, et les moyennes entre ces deux points-ci. Les plus grosses paroissoient être tombées les premières, d'après les considérations précédentes.

La plus grosse des pierres qui aient été ramassées, pesoit huit kilogrammes soixante-

cinq grammes ( dix-sept livres et demie ) ;
la plus petite pesoit huit grammes ( environ
deux gros ). On peut évaluer le nombre de
toutes celles qui tombèrent dans cette circonstance, à deux milles à peu près.

Les échantillons rapportés par Biot furent
déposés par lui au Muséum d'histoire naturelle, et Thénard en ayant analysé quelques-uns, les trouva composés de

Silice. . . . . . . 0,46
Fer oxidé. . . . 0,45
Magnésie. . . . 0,10
Nickel. . . . . . 0,02
Soufre. . . . . . 0,05
———
Total. . . . . . 1,08

Les 0,08 d'augmentation paroissent évidemment devoir être attribués à l'oxidation du
fer pendant l'analyse. Ces résultats qui,
comme on le voit, s'accordent bien avec
ceux annoncés par Fourcroy, démontrent
l exactitude de ces deux analyses, dont la
petite différence, dans les proportions,
peut être attribuée au peu d'homogénéité
des pierres météoriques, qui étant des agrégats, ne peuvent par - là même', donner
constamment des produits semblables dans

les

les proportions réciproques de leurs éléments. Depuis cette époque, Laugier a reconnu que le chrôme devoit être compté
au nombre des principes constituants des
pierres tombées à l'Aigle, ainsi qu'il le
rapporte dans son Mémoire lu à l'Institut,
le 10 mars 1806.

De Drée a donné à l'Institut la description
suivante des pierres tombées à l'Aigle. Il
les compare à celles tombées à Sales en
1798, mais il observe que la pâte de celles
de l'Aigle est en partie blanche et qu'on ne
voit les globules gris que dans quelques
parties. Une de ces pierres possédée par lui,
est totalement recouverte de la croûte vitrifiée ; et la croûte extérieure et ancienne
du bolide, antérieure à son explosion , s'y
distingue , dit-il , par son épaisseur plus
considérable, et parce qu'elle offre de grands
plans ou de grands contours unis, tandis
que l'autre, au contraire peu épaisse, n'a
effacé aucune des petites aspérités ou irré-
gularités de la cassure. *Il prétend enfin avoir
observé qu'on peut remarquer sur toutes
celles dont l'ancienne croûte vitreuse est
un peu considérable, ces singulières dépressions dont il sera fait mention dans la*

*description des pierres tombées en Amérique en 1807, lesquelles représentent l'effet que produiroit la pression des doigts sur une masse molle.*

J'ignore comment de Drée a pu faire cette observation, n'ayant jamais rien reconnu de semblable sur aucune de celles des pierres tombées que j'ai eu occasion d'observer jusqu'à ce jour, même sur celles renfermées dans la collection de ce savant auteur. Ces pierres présentent bien quelque dépression, mais rien ne me semble devoir faire présumer qu'elles aient été dans un état de mollesse, et certes, elles ne l'étoient pas en tombant, car elles se seroient toujours écrasées ; ce qui n'est arrivé que lorsqu'elles sont tombées sur des rochers, ainsi qu'il arriveroit à une masse de marbre ou de grès dans la même circonstance.

J'ai composé cette section, des deux seuls faits arrivés à Bénarès et à l'Aigle, parce que ce sont eux qui réellement ont fait admettre la chûte des pierres comme parfaitement démontrée, et que depuis eux elle a été regardée comme incontestable. Jusque-là les récits de ceux qui s'étoient occupés de ce phé-

nomène n'avoient été reçus qu'avec dédain
et écoutés avec mépris dans les Sociétés savantes. La chûte de pierres de Bénarès
fut réellement la première à laquelle on osa
paroître croire dans le monde savant, et ce
fut la Société royale de Londres qui la
première brava le préjugé. A l'Institut de
France, on n'écouta Pictet qu'avec peine,
et malgré la célébrité des Vauquelin, des
Howard, et des Bournon, plusieurs membres se refusèrent encore à admettre l'évidence.

La chûte de pierres annoncée à l'Aigle,
ayant eu lieu à peu de distance de Paris,
dans ce temps où les esprits partagés sur la
réalité du phénomène arrivé à Bénarès,
s'occupoient les uns à le démontrer, les
autres à le combattre, fixa l'attention générale. Elle ne pouvoit arriver plus à pro-
pos; et ne fut-ce que pour la nier, chacun
voulut en connoître les détails. Le rapport
de Biot intéressa donc singulièrement, et
dut fixer pour jamais la doctrine des savants sur la réalité des faits qu'il constata
de la manière la plus méthodique et la plus
évidente.

Nous conclurons du rapprochement des

deux faits qui se trouvent consignés dans cette section, et de leur comparaison avec les autres desquels il a été antérieurement question,

1° Que le phénomène de la chûte des pierres est incontestable ;

2° Que les pierres ou autres masses qui tombent sur la terre, ont toutes des caractères communs ;

3° Qu'elles ont toutes des éléments communs, quoique dans des proportions diverses et en nombre différent ;

4° Que ces chûtes ont toujours été accompagnées d'une ou de plusieurs explosions violentes, et souvent de l'apparition d'un météore lumineux ;

5° Que ces pierres sont tombées d'une grande hauteur, et avec une prodigieuse rapidité ;

6° Qu'elles étoient toujours dures en tombant, quoique brûlantes ;

7° Que leurs masses sont des agrégats informes, d'un volume variable, composés de plusieurs grains irréguliers de substances différentes, qui n'ont pas subi un degré de chaleur assez violent pour les faire entrer en fusion, ni même pour volatiliser le soufre qui entre dans la composition des sulfures métalliques disséminés dans ces masses ;

8° Que leur surface extérieure a été comme torréfiée et fondue par une cause qui a agi violemment et instantanément sur elle, en sorte qu'elle se trouve convertie en une couche d'émail grossier, noire et très-mince.

9° Et enfin que toutes les substances tombées, observées jusqu'à ce jour, renferment au nombre de leurs éléments, du nickel en petite proportion, uni à du fer métallique, en grains plus ou moins abondants, attirables par l'aimant.

---

# CINQUIÈME SECTION.

LE 8 octobre de l'année 1803 ( 15 vendé-
miaire an 12 ), sur les dix heures du matin, il tomba une pierre dans la commune
de Saurette, près d'Apt, département de
Vaucluse. Sa chûte fut accompagnée des
phénomènes que l'on remarque ordinairement en pareille circonstance : elle fut précédée par une violente détonation qui se
fit entendre à plus de quinze lieues de rayon,
et accompagnée d'un sifflement extraordinaire qui surprit beaucoup les habitants du
voisinage ; mais on n'observa point dans
ce phénomène de globe lumineux avant
la détonation : circonstance qui, ainsi que
le remarque Vauquelin, est commune à
un grand nombre de chûtes de pierres également bien constatées. La pierre tombée
à Saurette fut remise au comte Chaptal,
alors ministre de l'intérieur, qui après
l'avoir présentée à l'Institut, en fit don
au Muséum d'histoire naturelle.

Laugier, habile chimiste, dont les talents
acquièrent de jour en jour un nouvel éclat,

fut chargé par les savants professeurs de ce superbe établissement, d'en faire l'examen et l'analyse.

Il résulte de son travail à cet égard, que la pierre tombée à Saurette pèse sept livres six onces. Ses caractères extérieurs sont les mêmes que ceux des autres pierres atmosphériques, qui d'ailleurs se ressemblent toutes, mais celle-ci ressemble plus parfaitement aux pierres tombées à l'Aigle qu'aux autres. Son grain est fin, sa couleur est grise, sa croûte est noire et peu épaisse, et les globules de fer et de pyrites qu'elle renferme en abondance sont si petits qu'ils sont à peine visibles dans les cassures fraîches.

Procédant ensuite à l'analyse de cette pierre, Laugier en retira, _

| | |
|---|---|
| Silice. . . . . | 0,3400 |
| Fer.. . . . . | 0,3803 |
| Magnésie. . . | 0,1450 |
| Soufre . . . . | 0,0900 |
| Manganèse. . | 0,0083 |
| Nickel. . . . | 0,0033 |
| TOTAL. . . . . | 0,9669 |

Les 0,0331 qui manquent, furent attribués

à l'eau que la pierre pouvoit contenir, et à la perte inévitable dans ces sortes d'opérations.

On peut observer dans le résultat de cette analyse importante, que le manganèse se trouve au nombre des principes constituants des pierres atmosphériques, ainsi que l'avoit déjà reconnu Proust; mais bientôt la pierre d'Apt examinée comparativement à celle de Véronne, devoit encore offrir ainsi qu'elle, le chrôme au nombre de ses éléments, et il étoit réservé au même chimiste qui en avoit donné l'analyse, dans le volume IV des Annales du muséum d'histoire naturelle, d'annoncer à l'Institut cette découverte, non-seulement dans ces deux pierres, mais encore dans celles d'Ensisheim, de l'Aigle, et de Barbotan.

Dans cette même année 1803, une autre chûte de pierres fut remarquée le 13 décembre, non loin d'Eggenfelde, en Bavière. Le récit de cet évènement fut inséré dans les Annales de Gilbert et dans le magasin de Voigt, et une pierre du poids de trois livres et un quart provenant de ce phénomène, fut analysée par Imhoff.

Les pierres tombées à cette époque sont

très-remarquables en ce que par leurs caractères extérieurs elles se rapprochent plus que les autres des tufs basaltiques. Un échantillon possédé par Chladni, est surtout très-caractérisé parce qu'il renferme une substance ressemblante à l'olivin ou péridot granuliforme , qu'il contient disséminée dans sa masse.

Je crois pouvoir faire observer à ce sujet, que le péridot granuliforme étant très-ordinairement renfermé dans les basaltes volcaniques et dans beaucoup de laves lithoïdes, ceux qui pensent qu'il est possible que les pierres tombées sur la terre aient été lancées sur sa surface par les volcans de la lune, trouveront dans cette analogie une cause de probabilité de plus.

Les mêmes Annales de Gilbert renferment aussi les détails relatifs à la chûte d'une pierre qui tomba près de Glascow, en Ecosse, le 5 avril 1804.

Le Catalogue publié par Chladni, cite comme ayant eu lieu, à l'époque du 15 mars 1805, la chûte d'une pierre qui tomba près Doroninsck, non loin de la rivière Indoga, dans le gouvernement d'Irkutsk, en Sibérie.

Une autre chûte de pierres eut lieu en

juin 1805, dans une des places de Constantinople, nommée Etmey-Dany (*). Les pierres tombèrent en plein jour, avec beaucoup d'impétuosité. On regarda d'abord leur chûte comme l'effet de la malignité ; les agents de la police vinrent vérifier le fait, et posèrent une garde de Janissaires, qui resta en surveillance pendant trois jours et trois nuits ; mais bientôt l'odeur de soufre qui s'étoit fait sentir au moment de la chûte, et la croûte noire et brûlée des morceaux ramassés, ainsi que leur forme aplatie, firent connoître que cet évènement devoit être attribué à un météore. ( Voyez le Journal des mines, n° 134. )

Le 15 mars 1806, le phénomène de la chûte des pierres se renouvela dans le département du Gard. Pagès et d'Hombre-Firmas décrivirent les circonstances dont il fut accompagné, dans le tome LXII du Journal de physique, et le juge de paix du canton adressa au ministre de l'intérieur une relation détaillée des mêmes faits.

---

(*) Cette chûte est rapportée par Haïr-Kougas-Ingisian, auteur d'un ouvrage arménien, intitulé Egang-Busan-Kian, imprimé à Venise en 1807, dans le couvent des Arméniens.

Il résulte de leur rapport que le 15 mars 1806, à cinq heures et demie du soir, on entendit à Alais et dans les communes voisines, deux détonations, à quelques secondes l'une de l'autre, que chacun prit d'abord pour deux coups de canon. Elles furent suivies d'un roulement qui dura dix ou douze minutes. Il étoit tombé quelques gouttes d'eau le matin, mais à cette heure le ciel étoit éclairci. Bientôt on sut que deux aérolithes étoient tombées, l'une à Saint-Etienne-de-Lolm, l'autre à Valence, villages du premier arrondissement du département du Gard.

Les informations prises sur les lieux apprirent que plusieurs personnes avoient été témoins de la chûte de ces deux pierres, qui ne fut accompagnée de l'apparition d'aucun météore lumineux ; l'une et l'autre parurent venir obliquement du côté du midi, allant vers le nord, et comme sortant d'un nuage, sous la forme de corps noirs. Elles tombèrent avec rapidité et sifflement, après quoi on vit de la fumée dans l'air, et elles étoient encore chaudes, quand elles furent ramassées par les témoins de leur chûte.

Celle tombée à Saint-Etienne-de-Lolm, creusa la terre de 0,12 mètres, et trouvant un rocher à cette profondeur, se brisa en plusieurs éclats , dont la masse générale avoit du peser quatre mille grammes ( un peu plus de huit livres , poids de marc ).

Celle tombée dans la commune de Valence, étoit de forme grossièrement cubique , de la grosseur de la tête d'un petit enfant , et du poids d'environ quatre livres : elle s'étoit fendue en morceaux , et à moitié enfoncée dans la terre en tombant.

Ces pierres sont intérieurement et extérieurement de couleur noire , font varier l'aiguille aimantée , et se délitent dans l'eau, comme les argilles , en laissant dégager des bulles gazeuses : l'extérieur paroît avoir subi l'action du feu.

De Drée en donna la description ; Thénard en fit l'analyse ; et Monge, Fourcroy , Bertholet , et Vauquelin confirmèrent ses résultats , ayant été désignés à cet effet par le corps illustre de l'Institut.

Les pierres tombées à Alais ne ressemblent à aucune de celles précédemment décrites , mais s'en rapprochent par leur composition.

Elles offrent l'aspect d'une houille terreuse et sans éclat, friable et feuilletée ; elles sont tachantes à la manière du carbure de fer, prennent le poli des bitumes, par le frottement, s'aplatissent sous le choc, et répandent au feu une légère odeur bitumineuse ; elles renferment des grains de sulfure de fer jaune, et un grand nombre de grains de forme cubique, desquels la nature particulière n'a pas été déterminée.

Leur cassure est inégale ; elles sont tendres et même très-friables, douces au toucher, insipides, insolubles dans l'eau ; et ne pèsent spécifiquement que 1,940. Chauffées au chalumeau, elles sont infusibles, mais elles colorent le verre de borax en jaune verdâtre.

Un fragment d'une des pierres tombées dans les environs d'Alais, ayant été analysé par Thénard, lui parut formé des principes suivants :

| | |
|---|---|
| Silice. . . . . | 0,210 |
| Oxide de fer | 0,400 |
| Nickel . . . . | 0,025 |
| Manganèse. . | 0,020 |
| Charbon . . . | 0,025 |
| Magnésie. . . | 0,090 |
| Soufre. . . . . | 0,035 |
| Chrôme. . . . | 0,010 |
| TOTAL. . . . . . . | 0,815 |

Il manqua 0,185, qui furent attribués à la perte ordinaire, et à l'eau que la pierre avoit paru contenir pendant l'analyse.

Les membres désignés par l'Institut pour répéter cette opération, trouvèrent des résultats presque semblables; savoir,

Silice . . . . . . . . . . . . . . . 0,300
Oxide de fer au minimum . 0,380
Nickel . . . . . . . . . . . . . . . 0,020
Manganèse. . . . . . . . . . . . . 0,020
Carbone . . . . . . . . . . . . . . 0,025
Magnésie. . . . . . . . . . . . . . 0,110
Chrôme . . . . . . . . . . . . . . 0,020

TOTAL. . . . . . . . . . 0,875

et une quantité inappréciable de soufre; en sorte qu'ils éprouvèrent une perte de 0,125 qu'ils crurent devoir attribuer pour la plus grande partie à la présence de l'eau; car on obtint quelques gouttes de ce fluide en chauffant la pierre dans une cornue.

Thénard termine le détail de son analyse par les observations suivantes :

« La pierre d'Alais ne diffère des autres » aérolithes, qu'en ce qu'elle contient un » peu de charbon, et les métaux à l'état » d'oxide. Mais ne pourroit-on point expli-

» quer cette différence en supposant que
» cette pierre n'a point éprouvé un haut
» degré de chaleur en traversant l'atmos-
» phère, supposition d'autant plus admis-
» sible, qu'en calcinant cette pierre le char-
» bon qu'elle contient se brûle de suite,
» et surtout parce qu'en la traitant par
» les acides, la silice qu'elle renferme,
» ne se prend point en gelée, tandis que
» celle des autres pierres tombées du ciel
» s'y réduit constamment. Ce qui indique
» qu'elles doivent être comme légèrement
» fritées ; et par conséquent qu'elles ont
» éprouvé comme un commencement de
» fusion. »

L'analyse de ces pierres est d'autant plus remarquable, qu'il paroît démontré que l'eau est un de leurs principes constituants ; d'où nous sommes obligés de conclure que ceux qui prétendent que ces pierres sont lancées de la lune, sont forcés d'admettre la présence de l'eau dans cette planette, et par suite celle d'une atmosphère, à moins qu'ils ne préfèrent supposer que la surface de la lune soit assez froide pour que l'eau y soit toujours à l'état solide.

L'Académie des sciences de Saint-Pétersbourg, reçut dans l'année 1807, du ministre de l'intérieur de Russie, une pierre tombée de l'atmosphère, dont le poids étoit d'environ quatre punds ( cent vingt livres poids de Berlin. ) Le rapport qui accompagnoit cet envoi renferme les détails de la chûte qui eut lieu dans le district de Juchnow, du gouvernement de Smolensko.

Il résulte de ce rapport que le 13 mai 1807, après midi, le ciel étant couvert, tous les habitants de là contrée entendirent un coup de tonnerre d'une extrême violence, à la suite duquel deux cultivateurs, qui étoient dans les champs, virent tomber, à quarante pas d'eux, une pierre noire d'une grosseur considérable qui s'enfonça à une grande profondeur sous la neige, d'où elle fut retirée pour être adressée au ministre.

Comme toutes les pierres météoriques, elle est recouverte d'une légère croûte d'un noir grisâtre ; sa couleur intérieure est le gris de cendre, sa cassure est terreuse. Elle est mélangée de beaucoup de petites pyrites et de globules de fer ; elle renferme aussi beaucoup de taches brunes d'oxide de fer : sa pesanteur spécifique est de 3,700.

Ayant

Ayant été analysée par le célèbre Klaproth, ce savant chimiste en retira,

| | |
|---|---|
| Fer métallique. . . . | 0,1760 |
| Nickel métallique . . | 0,0040 |
| Silice. . . . . . . . . | 0,3800 |
| Magnésie. . . . . . . | 0,1425 |
| Alumine. . . . . . . | 0,0100 |
| Chaux. . . . . . . . . | 0,0075 |
| Oxide de fer. . . . . | 0,2500 |
| TOTAL. . . . . . . . . | 0,9700 |

et il éprouva une perte de 0,0300, qui doit être en partie attribuée à une petite quantité de soufre et d'oxide de manganèse, dont la pierre renferme quelques traces.

Le savant auteur de cette analyse observe avec raison, que la présence de la chaux et de l'alumine dans cette pierre, est d'autant plus remarquable, que jusque-là les plus habiles chimistes n'avoient pas reconnu ces deux terres dans ces sortes de corps, quoique cependant quelques - uns en continssent réellement, ainsi que le prouva l'analyse qu'il fit depuis de la pierre tombée à Ensisheim, de laquelle il retira 0,015 de cette terre, qui probablement avoit été confondue avec l'oxide de fer, dans les analyses précédentes, faute d'avoir fait bouillir cet oxide dans la dissolution de potasse caustique.

Le fait que je viens de rapporter se trouve consigné dans plusieurs ouvrages, sous la date que j'indique ici, entr'autres dans le n° 209 des Annales de chimie. J'ignore pourquoi Chladni, dans son Catalogue, dit que le 27 juin 1807, il tomba une pierre du poids de cent·soixante livres, près de Timochin, dans le gouvernement de Smolensko, en Russie. Il me paroît probable qu'il n'y a eu qu'une chûte de pierre dans ce gouvernement, pendant le cours de 1807, et qu'il doit se trouver une erreur dans cette citation, quoique je ne puisse la démontrer ici, faute d'être à même de pouvoir consulter les pièces originales; au surplus je crois devoir ajouter que le Journal de physique, de janvier 1808, indique le fait sous la date du 15 mai 1807, mais que dans le nouveau Bulletin de la Société philomatique, page 222, la date se trouve indiquée de même que dans les Annales de chimie.

Déjà, depuis peu d'années, dans l'Europe et dans l'Inde, on avoit plusieurs fois observé le beau phénomène de la chûte des pierres, que des enquêtes scrupuleuses avoient rendu incontestable, lorsque dans l'Amérique septentrionale, la province de Connecticut, située dans les Etats-Unis, en devint de nouveau le théâtre.

Les habitants de Weston étonnés, entendirent avec effroi l'explosion épouvantable, qui, le 14 décembre 1807, vint les rendre témoins d'une nouvelle chûte de pierres.

Vers six heures et un quart du matin, lorsque le crépuscule commençoit à dissiper les ombres de la nuit, le ciel étant en partie serein et en partie couvert de quelques nuages, qui laissoient parfaitement clair, près de l'horizon, un espace de dix à quinze degrés, situé du côté du nord, une lumière vive vint tout-à-coup attirer les regards de ce côté ; elle étoit occasionnée par un globe de feu, qui sortant d'un nuage très-obscur s'enlevoit au nord dans un sens à peu près perpendiculaire à l'horizon, mais déclinoit vers l'ouest en suivant une courbe irrégulière. Son diamètre apparent paroissoit égal à la moitié ou aux deux tiers de celui de la lune ; sa lumière étoit vive et scintillante, sa marche paroissoit moins prompte que celle des météores ordinaires. Celui-ci

14 *

laissoit après lui une trace lumineuse pâle
et ondoyante, de forme conique, dont la
longueur égaloit dix à douze fois le diamètre du globe qui disparut en s'éteignant,
à environ quinze degrés de distance apparente du zénith, et à peu près à la même
distance du méridien du côté de l'ouest.
L'apparition de ce globe lumineux avoit
duré environ une demi-minute, pendant
laquelle on n'aperçut aucune masse s'en
détacher ; mais il parut éprouver trois sou-
bresauts, avec diminution successive dans
son éclat.

Trente à quarante secondes après l'extinc-
tion de la lumière, on entendit trois coups
très-forts, qui furent comparés au bruit
d'une pièce de quatre, tirée à petite distance.
A ces coups qui se firent entendre dans l'espace de trois secondes, succéda un roulement plus long, qui dura à peu près autant
de temps que le météore en avoit mis à
s'élever, paroissant venir dans sa direction
apparente, et cesser dans le même lieu que lui.

Ces explosions successives jettèrent des
pierres dans les environs de Weston et même
dans cette ville. On en trouva dans six endroits différents, dont les plus éloignés étoient

distants de six à dix milles l'un de l'autre,
et tous dans une ligne qui différoit peu de la
direction suivie par le météore ; ce qui doit
faire présumer que les masses sont tombées
successivement du nord au sud, mais principalement dans trois endroits qui paroissent
correspondre aux trois coups entendus dis-
tinctement. Ces différentes masses tombèrent
en présence d'un grand nombre de témoins
recommandables par leur véracité et leurs
connoissances. Les unes s'enfoncèrent pro-
fondément dans la terre molle ; d'autres se
brisèrent en petits fragments contre les
rochers qu'elles choquèrent. Le morceau le
plus entier que l'on retira, pesoit trente-cinq
livres, mais un autre bien plus considérable
s'étoit brisé contre un rocher, et ses fragments réunis avoient dû former une masse
d'environ deux cents livres.

Ces pierres étoient encore chaudes lorsqu'elles furent ramassées. Au moment de
leur chûte elles étoient friables, et se laissoient briser entre les doigts, surtout quand
elles avoient été enfouies pendant quelque
temps dans la terre humide ; mais elles se
durcirent peu à peu, par leur exposition à
l'air, au point de ne plus être friables.

Tous les échantillons trouvés dans les différents endroits où ils tombèrent, étoient de même nature et paroissoient venir évidemment d'une masse commune. Les fragments qui conservoient une partie de la croûte extérieure, montrèrent qu'elle étoit mince, noire, et dépourvue de tout éclat : la surface qui étoit revêtue de cette croûte, étoit irrégulière, rude, ressemblante un peu à du chagrin, et étincellante sous l'acier. Certaines portions de cette croûte noire ne paroissoient pas avoir appartenu dans l'origine, à la grande surface extérieure de la masse, mais elles paroissoient plutôt avoir été formées dans des fissures ou gerçures, qui furent l'effet de la chaleur brusque et vive à laquelle la masse fut exposée.

La pesanteur spécifique de ces pierres est de 3,600, leur cassure est grenue, et leur couleur intérieure est gris de cendre ou plutôt plombée. Elles renferment d'après Silliman et Kingsley, des parties distinctes, variables, en volumes depuis la grosseur d'une tête d'épingle jusqu'à un ou deux pouces de diamètre, lesquelles sont presque blanches, dispersées en noyaux irréguliers, et ressemblantes un peu aux cristaux de feld-spath qui sont disséminés dans quelques variétés de granit et dans le porphyre vert antique.

Le tissu des pierres tombées dans le Connecticut est granuleux et grossier ; il ressemble beaucoup à certaines variétés de grès, est rude au toucher, et se brise sous le marteau en fragments irréguliers. Un examen attentif y fait distinguer facilement quatre substances de nature différente.

La première est peu abondante ; elle se présente en petites masses noires globuleuses, la plupart sphériques, mais quelquefois oblongues et irrégulières. Les plus grosses sont du volume d'un œuf de pigeon, la pointe du couteau suffit pour les détacher, et alors elles laissent une empreinte concave ; elles se brisent sous le marteau et ne font que peu ou point mouvoir l'aiguille aimantée ; lorsqu'elles sont frottées avec une lime douce, elles prennent un aspect métallique mais terne.

La seconde est du fer sulfuré jaune, brillant, disséminé en très-petits grains, visibles à l'aide de la loupe dans quelques morceaux seulement, mais non dans ceux déposés dans la collection de la Direction des mines, à Paris. On a remarqué cependant, dans un

petit échantillon dont le colonel Gibbs avoit
envoyé la description à Gillet de Laumont,
un cristal de pyrite de couleur brune, ayant
subi décomposition, et dont le fer est à l'état
hépatique ; le cube avoit un demi pouce de
large, et étoit pénétré par un autre, sur une
de ses faces. Le morceau fut brisé sans soins,
et un petit fragment fut envoyé au savant
Gillet de Laumont, qui a eu la complaisance
de me laisser examiner ce qui lui en restoit,
en me disant que ce qui lui avoit été envoyé
avoit réellement une forme cubique, mais
que par accident il en avoit perdu la plus
grande partie.

La troisième des substances, empâtée, est
une multitude de petits grains de fer métallique, inégaux et irréguliers, dont quelques-
uns peuvent se distinguer à l'œil nud ; ils
sont malléables, de couleur quelquefois
noire, mais plus ordinairement blanche et
très-brillante.

Enfin la quatrième substance qui empâte
les autres et constitue la partie la plus considérable de la masse, est naturellement de
couleur gris plombé, mais lorsque la pierre
est exposée à l'air après avoir été mouillée,
elle se recouvre de taches isolées couleur

de rouille , dues évidemment à l'oxidation du fer qui s'y trouve abondamment renfermé à l'état métallique.

Outre ces substances observées dans les pierres tombées à Weston, par MM. Silliman et Kingsley , auteurs d'un excellent Mémoire , duquel j'ai extrait les faits précédents, M. Gillet de Laumont inspecteur général des mines de France , ayant été à même d'examiner plusieurs fragments de ces pierres, reconnut dans un enfoncement de l'un d'eux , une portion d'une petite masse de la grosseur d'un pois, de couleur gris blanchâtre , composée de facettes lamelleuses, lisses, luisantes , formant entr'elles des angles trop petits pour être mesurés.

. Cette masse avoit de l'analogie avec un morceau de feld - spath fracturé. Voulant en détacher une parcelle pour l'essayer, la petite masse se détacha elle-même , laissant une cavité qui prouve qu'elle étoit déjà arrondie avant que de se mouler dans la pierre. Il reste encore un grain d'une substance analogue et quelques parcelles jaunâtres, dans la cavité d'où est sortie la substance lamelleuse.

' Cette substance raye le verre façon de

Bohême; essayée dans l'acide nitrique, elle n'y a point produit d'effervescence; chauffée à l'aide d'un chalumeau, à la flamme d'une bougie, elle s'est aussitôt couverte d'un émail noir qui a suinté au travers en petits globules, mais la masse n'a point fondu. Par cette raison on peut présumer que la couleur gris blanchâtre ne s'est conservée dans une masse qui avoit été aussi fortement chauffée, que parce qu'elle n'avoit pas été exposée au contact de l'air, ou peut-être parce que la chaleur vive éprouvée par la pierre entière, n'avoit été que de peu de durée, et n'avoit que foiblement pénétré à l'intérieur, ainsi que tendroient à le démontrer les nombreuses fissures qui la pénètrent.

Il n'en est pas moins très - remarquable qu'une substance lamelleuse portant les vrais éléments de la cristallisation, se soit trouvée dans ces sortes de pierres. Cette substance n'étoit certainement ni de la chaux carbonatée, ni du feld-spath; et le morceau qui renfermoit la petite masse examinée par Gillet de Laumont, étoit bien un de ceux tombés dans le Connecticut, car il en avoit été rapporté par le colonel Gibbs, qui le déposa avec le Mémoire de Silliman et Kingsley , dans la collection du Conseil des mines.

Warden auteur d'une bonne analyse de ces pierres en a donné une description qui s'accorde parfaitement avec les observations faites par les auteurs déjà cités à ce sujet.

Ce savant après avoir observé que les pierres tombées dans le Connecticut sont enveloppées de la croûte noire ordinaire à ces sortes de substances , et que comme dans celles-ci leur masse est principalement formée par une substance granulaire facile à briser , ayant un aspect terreux , avec une couleur gris de cendre qui dans certains endroits passe au blanc grisâtre , remarque que les portions qui offrent cette dernière teinte et qui sont comme empâtées dans la masse, ont une forme arrondie, ensorte qu'on les distingue sous l'aspect de taches circulaires ou ovales qui interrompent la couleur du fond. La pesanteur spécifique de ces parties est de 3,3oo , et leurs fragments aigus rayent le verre.

En observant les endroits fracturés de la pierre, on y aperçoit ,

1º Des globules particuliers , qui se détachent facilement des petites cellules dans

lesquelles ils sont engagés, et dont la matière est semblable à celle de la pierre même,
excepté que son grain est plus serré et sa
cassure plus unie. On y aperçoit même,
en l'exposant à une vive lumière, des indices de tissus lamelleux, ce qui se rapporte
à l'observation de Gillet-Laumont et expli-
que la comparaison que Silliman et Kingsley
ont fait de l'apparence de cette substance
avec celle du feld-spath ;

2° On y reconnoît les grains de fer métallique déja observés, dont quelques-uns
sont très-remarquables par leur blancheur ;

3° Des grains de fer oxidé, de couleur
de rouille.

Warden ne put apercevoir aucune portion pyriteuse, quoique cependant l'analyse
lui en démontra l'existence dans la masse
de la pierre, et enfin il termine sa description par observer que tous les fragments,
même ceux dans lesquels les grains de fer
sont invisibles, ont la propriété magnétique
mais sans polarité.

L'analyse lui donna pour les proportions
des principes constituants de cette pierre,

| | |
|---|---|
| Silice. . . . . . . . . . | 0,4100 |
| Soufre . . . . . . . . . | 0,0233 |
| Acide chronique. . . | 0,0233 |
| Alumine. . . . . . . . | 0,0100 |
| Chaux . . . . . . . . . | 0,0300 |
| Oxide de manganèse. | 0,0133 . |
| Magnésie . . . . . . . | 0,1600 |
| Oxide de fer . . . . . | 0,3000 |
| Total. . . . . . . . . | 0,9699 |

La perte fut donc de 0,0301. Il peut paroître
étonnant que le nickel ne se trouve pas indiqué au nombre des éléments de cette
pierre, et que les métaux y soient à l'état
d'oxide, mais on doit remarquer que cette
analyse a été faite sur une portion de pierre
qui avoit été triturée dans un mortier, et que
préalablement on en avoit retiré à l'aide
d'une aiguille aimantée, toutes les portions
attirables à l'aimant, qui formoient les vingt-
huit quarantièmes du total, et étoient un fer
métallique très-cassant à cause du nickel
qu'il renfermoit dans une proportion suffisante pour que sa dissolution purgée de fer
par le prussiate de potasse, donnât encore
0,025 de prussiate de nickel. Il est probable
que cette quantité ait été trop petite en raison

de la perte inévitable dans ces sortes d'opérations, qui a toujours lieu dans un rapport
d'autant plus considérable que les quantités
sur lesquelles on a opéré sont moindres.

Un Mémoire très-bien fait publié par Guidotti, professeur à l'Université de Parme,
donna il y a peu de temps des détails très-
intéressants sur une chûte de pierres qui eut
lieu dans l'arrondissement de Borgo-San-
Donino, à peu de distance de Parme, le 19
avril 1808, entre midi et une heure. Une
de ces pierres, tombée à Pieve-di-Cusigano,
département du Taro, est conservée dans la
collection de la Direction générale des mines
de l'empire, sous le n° 960 — 1 : elle a été
envoyée par le ministre de l'intérieur, et
paroît extérieurement semblable à celles
tombées à l'Aigle, en 1803.

Il résulte des renseignements recueillis par
Guidotti relativement à ce fait, qu'il tomba
à cette époque plusieurs pierres dans les
campagnes dites Cella-di-Costa-Mezrana,
Pieve-di-Cusignano, et Varano-di-Marchesi,
situées au sud-est de Borgo-San-Donino,
et formant ensemble un triangle qu'on peut
évaluer à neuf kilomètres de circuit.

C'est dans cet espace que plusieurs témoins

dignes de foi les virent tomber. Le ciel étoit couvert de légers nuages et l'air tranquille, lorsque tout-à-coup, sans apercevoir aucun éclair, on entendit deux grandes explosions suivies de plusieurs autres moins fortes, ce qui dura un peu plus d'une minute. A ce bruit succéda pendant trois ou quatre minutes, un autre plus sourd, semblable à celui du feu dans une cheminée ; c'est à ce moment que la chûte des pierres eut lieu avec sifflement. Les spectateurs aperçurent comme des traces de fumée, et quelques-uns même crurent reconnoître l'effet de la foudre, mais plusieurs témoins affirmèrent n'avoir senti aucune odeur sulfureuse, et n'avoir vu ni globe de feu, ni fumée, ni éclair ; ce qui ne paroît pas démontrer que les rapports de ceux qui affirmèrent avoir reconnu ces choses, fussent faux, leurs positions respectives ayant pu déterminer la différence de leurs observations.

Ces pierres étoient fort chaudes au moment de leur chûte, car elles brûlèrent ceux qui voulurent les arracher, avec leurs mains, des trous qu'elles avoient creusés en tombant.

« Elles offrent des caractères extérieurs et » chimiques analogues à ceux présentés par

» les autres pierres de même origine. Leur
» forme est irrégulière, elles sont revêtues
» d'une croûte d'un brun noir, mince, à demi
» vitrifiée, assez dure pour faire feu au bri-
» quet; leur cassure est irrégulière, à frag-
» ments indéterminables et écailleux; leur
» contexture est grenue; à l'intérieur leur
» couleur est gris de cendre clair, présentant
» beaucoup de points de couleur plus foncée,
» des parties métalliques, d'autres lamel-
» leuses de couleur blanc jaunâtre, et d'au-
» tres en masses plus petites, globuleuses, et
» de couleur d'étain.

» Les parties métalliques lamelleuses iso-
» lées n'ont aucune action sur l'aiguille ai-
» mantée, mais les globuleuses l'attirent
» puissamment; aussi dès qu'on lui présente
» la surface interne de la pierre, elle exerce
» sur elle sa force attractive.

» Les pierres tombées à Borgo-san-Donino,
» sont tendres et faciles à broyer; elles sont
» poreuses; elles absorbent l'humidité avec
» avidité, et happent à la langue; plongées
» dans l'eau, elles s'en imprègnent en laissant
» échapper les bulles d'air renfermées dans
» leurs pores; et enfin leur pesanteur spéci-
» fique est de 3,460.

» Les

» Les acides attaquent cette pierre, en
» laissant dégager du gaz hydrogène sulfuré
» formé par double affinité, au dépend de
» l'eau qu'ils renferment, pendant l'oxida-
» tion du fer métallique et la décomposition
» des pyrites contenues dans la substance
» pierreuse. »

Un fragment des pierres tombées près de
Parme, étant chauffé violemment, commence par noircir, et finit par se recouvrir
de la fritte noire qui enduit toujours ces sortes
de pierres. Réduites en poudre et chauffées
avec le verre de borax, elles le colorent en
noir, et les fragments minces de ce verre paroissent de couleur d'hyacinthe ; enfin ces
pierres répandent une odeur sulfureuse pendant la pulvérisation, et renferment beaucoup de portions séparables par l'aimant.

Au Mémoire dans lequel Guidotti cons-
tate la chûte des pierres tombées dans les
environs de Parme, se trouve jointe leur
analyse par le même chimiste, qui moins
exercé à ce genre d'opérations que les Vau-
quelins, les Klaproth, et les Thénard, mé-
rite cependant d'autant plus de confiance
qu'il joint à ses résultats les détails des expériences qui l'ont conduit à les adopter, et

15

que les proportions qu'il donne semblent
d'ailleurs assez conformes à celles déjà déterminées dans les autres pierres de même
origine.

Les proportions déterminées par Guidotti
dans la composition de ces pierres, sont,

| | |
|---|---|
| Silice. . . . . . | 0,500 |
| Fer oxidé . . . | 0,390 |
| Magnésie . . . | 0,110 |
| Nickel. . . . . | 0,025 |
| Soufre . . . . . | 0,040 |
| TOTAL . . . . . . | 1,065 |

ce qui donne une augmentation de 0,065,
laquelle doit être attribuée à l'oxidation des
métaux pendant l'analyse.

Il est probable que si elle eût été faite avec
encore plus de soin, le même chimiste eût
reconnu dans cette pierre la présence du
chrôme, celle du manganèse, celle de la
chaux, et celle de l'alumine; car Vauquelin a constaté depuis, la présence de l'alumine dans les pierres météoriques, comme
on le voit dans le tome LXIX des Annales
de chimie, par les expériences qu'il entre-
prit pour vérifier celles de Sage, qui l'avoit
annoncée le premier.

Vauquelin indiqua dans son analyse, que le fer métallique se trouvoit combiné au nickel, que le soufre se trouvoit à l'état de sulfure de fer, le chrôme à l'état de chrômate de fer, en quantité notable, et le manganèse, la chaux, et l'alumine, en très-petite quantité. Il observe aussi qu'il avoit déjà trouvé dans les analyses des autres aérolithes, des traces d'alumine et de chaux, mais en si petite quantité qu'il n'avoit pas cru devoir en faire mention.

Guidotti analysa séparément aussi les petites masses lamelleuses de couleur blanche jaunâtre, renfermées assez abondamment dans les pierres tombées près de Parme, et reconnut qu'elles étoient de véritables pyrites ferrugineuses, renfermant le quart de leur poids de soufre et un peu de nickel. Il est bon d'observer que ces portions pyriteuses paroissent beaucoup plus abondantes dans les pierres tombées près Parme que dans la plupart des autres pierres météoriques.

On remarque dans les conclusions qui terminent ce Mémoire, que le phénomène qui y donna lieu ne parut point précédé d'un globe de feu, ainsi que ce fait paroît avoir été constaté dans plusieurs autres circonstances analogues ; ce qui détermina l'auteur à croire qu'on doit en conséquence ajouter une cinquième classe dans la division que de Drée a déjà proposée un peu prématurément, puisqu'elle tendroit à éloigner des faits identiquement les mêmes, et qui n'ont paru différer entr'eux que par la suite nécessaire de la situation accidentelle dans laquelle se sont trouvés les observateurs.

Enfin l'auteur adopte à la fin de ses conclusions, l'opinion de ceux qui supposent que les pierres météoriques sont formées dans l'atmosphère, comme étant celle qui lui paroît la plus probable, et comme présentant le moins de difficultés insurmontables.

Quelque contraire aux faits que cette supposition me paroisse, je n'entreprendrai point de la combattre ici, attendu que je me réserve d'exposer les motifs qui me semblent devoir la détruire, dans la conclusion de cet ouvrage, en résumant les circonstances favorables ou opposées à chacune des théories proposées jusqu'à ce jour pour l'explication peut-être prématurée de ce phénomène remarquable, qui déjà a donné lieu à un grand nombre de suppositions aussi différentes que hazardées : tant il est vrai que l'esprit de système, toujours prompt à supposer , établit souvent une explication chimérique sur les faits qu'il ne connoît pas encore, et prépare d'avance par les rêves de l'imagination si dangereux dans l'étude des sciences exactes, des obstacles presque insurmontables à la connoissance de la vérité.

Chladni rapporte dans son Catalogue , inséré au tome XXV du Journal des mines , que le 22 mai 1808, il tomba beaucoup de pierres près de Staunern, en Moravie. Il ne donna aucun autre détail sur cette chûte d'autant plus intéressante que les aérolithes dont il est ici question, semblèrent d'abord présenter de très-grandes différences avec toutes les autres déjà décrites , et parurent devoir former une espèce particulière dans ce singulier genre de substances minérales.

En effet Klaproth rapporte à la suite de l'analyse des pierres tombées en 1808 , près de Lissa , en Bohême, qu'on lui remit un échantillon pulvérisé d'une aérolithe qui tomba , dit-on, le 22 mai 1808, près de Staunern , en Moravie ; qu'en conséquence on ne pouvoit pas y reconnoître les caractères extérieurs. Cette pierre, ajoute-t-il , feroit une très-grande exception de toutes les aérolithes connues, car par l'analyse elle paroît être un basalte décomposé.

Il étoit donc à désirer qu'on répétât ces expériences sur un morceau entier qui jouît de tous les caractères nécessaires, pour qu'il ne restât rien de suspect à cet égard, et qu'une bonne description minéralogique se trouvât jointe à cette analyse.

C'est ce qui fut fait dans la suite par le comte d'Unin, possesseur d'un très - beau morceau de l'aérolithe qui nous occupe ici, que lui-même avoit ramassé sur les lieux. Il reconnut que sa surface est fondue et d'un noir parfait à l'extérieur, mais qu'à l'intérieur sa couleur est d'un gris de cendre clair, qui ne change pas par la raclure : on y aperçoit aussi des grains plus compactes et d'une couleur plus foncée que le reste de la masse, et d'autres grains de sulfure de fer, mais en très-petite quantité.

Cette pierre est tendre, friable sous les doigts, ne raye point le verre, et ne donne point d'étincelles au briquet ; sa pesanteur est de 3,19.

Elle se fond difficilement au chalumeau en un verre opaque attirable à l'aimant. En un mot cette aérolithe ne paroît différer extérieurement des autres que par la plus petite quantité de substances métalliques qu'elle contient, et malgré l'analogie que le célèbre Klaproth trouva entre ses principes constituants et ceux du basalte, il n'en est pas moins constant que ces deux substances diffèrent essentiellement par la cassure, la dureté, et la raclure.

Ces différences sont encore confirmées par les autres descriptions. D'après Vauquelin, cette aérolithe ressemble par ses caractères extérieurs aux autres productions de cette espèce ; elle est recouverte à l'extérieur d'un enduit ou vernis brun vitreux ; intérieurement elle présente une matière grise parsemée de points noirs, dans laquelle on découvre dans plusieurs endroits des lames brillantes qui paroissent être de la pyrite, car elles ne sont point attirables à l'aimant, et la pierre elle-même n'agit pas sur l'aiguille aimantée. Enfin cette substance n'est point homogène, et on y découvre à l'œil nud, des noyaux assez considérables qui sont beaucoup plus noirs que le reste de la pierre.

L'analyse qui en fut faite par Mozer, chimiste de Vienne, lui fit reconnoître qu'elle étoit composée de

Silice. . . . . . . 46,25
Alumine. . . . . 7,12
Fer oxidé . . . 27,00
Chaux . . . . . 12,13
Magnésie. . . . 2,50
_______________
TOTAL . . . . . . 95,00

à quoi il ajouta tant pour le soufre et l'eau volatilisés que pour la perte pendant l'analyse, 5,00, et crut reconnoître une quantité indéterminée de chrôme.

Ces résultats présentant une grande différence entre cette aérolithe et les autres déjà analysées, Vauquelin se détermina à l'examiner de nouveau ; et c'est au travail de ce laborieux chimiste dont tout le monde reconnoît le talent et l'exactitude, que nous devons l'analyse suivante.

Sur cent parties, l'aérolithe de Staunern contient

Silice. . . . . . . . 0,50
Chaux. . . . . . . . 0,12
Alumine. . . . . . 0,09
Oxide de fer. . . . 0,29
Oxide de manganèse 0,01
_______________
TOTAL. . . . . . . 1,01

et une trace de nickel, qui peut être évaluée à un 0,001, avec un atome de soufre. L'augmentation de plus d'un centième, qui eut lieu dans cette analyse, est avec raison attribuée par son auteur, à l'oxidation du fer.

Ce résultat diffère principalement de celui de Mozer, en ce que Vauquelin n'a trouvé ni chrôme, ni magnésie, mais qu'il a reconnu la présence du nickel et un centième d'oxide de manganèse. Il n'en est pas moins constant que par sa composition, l'aérolithe tombée à Stauriern diffère essentiellement des autres connues, 1° en ce qu'elle ne renferme point de fer à l'état métallique, mais à celui d'oxide; 2° parce qu'elle ne renferme ni magnésie, ni chrôme; 3° parce qu'elle renferme une très-grande portion d'alumine, dont les autres n'ont offert que quelques traces; et 4° en ce qu'elle renferme une quantité de chaux bien plus grande que toutes les autres précédemment analysées.

Les caractères extérieurs de cette aérolithe et les relations de sa chûte semblent cependant démontrer évidemment que, quoique d'espèce différente, elle est de même origine que les autres pierres tombées sur la terre.

Dans cette même année 1808, il tomba,

le 3 septembre, plusieurs pierres près de Lissa, à quatre milles, ouest-nord-ouest, de Prague. Reuss donna un Mémoire sur ce phénomène, et le célèbre Klaproth publia l'analyse d'un fragment d'une de ces pierres, qui lui avoit été envoyé par Reuss lui-même. Tassaert fit imprimer dans le tome LXXIV des Annales de chimie, un extrait des Mémoires de ces deux savants, d'où il résulte que les pierres tombèrent dans une plaine qui s'étend au sud jusqu'à la rive de l'Elbe, sur un terrein sablonneux très-meuble et fraîchement labouré, dans lequel elles ne s'enfoncèrent cependant que de quatre à cinq pouces. On reconnut qu'il étoit tombé quatre pierres dont la plus grosse pesoit cinq livres neuf onces et demie lorsqu'elle fut pesée, quoiqu'elle eût déjà été endommagée sur ses angles et ses arêtes : il paroît que la direction dans laquelle ces pierres sont tombées, étoit du nord au midi.

« Les circonstances qui accompagnèrent « cette chûte de pierres, furent presque les » mêmes que celles remarquées dans les » autres endroits. Le samedi 3 septembre » 1803, à trois heures et demie de l'après-

» midi, on entendit une forte détonation,
» qui fut comparée à la décharge de plu-
» sieurs pièces d'artillerie, à laquelle suc-
» céda un bruit analogue à celui produit par
» un feu de peloton ou par un roulement
» de tambours. Ce bruit dura un quart-
» d'heure ou même une petite demi-heure ;
» le ciel qui avoit été très-clair, parut cou-
» vert comme d'une gaze légère, cependant
» les rayons solaires pénétroient à travers
» cette espèce de léger brouillard. »

Il est dit à la suite de cette relation que
personne ne vit tomber ces pierres, mais
que des faucheurs en ayant ramassé une
aussitôt qu'elle fut tombée, la trouvèrent
aussi froide que les pierres environnantes ;
ce qui n'est nullement étonnant, car si
personne ne les vit tomber, comment peut-
on savoir que celle ramassée par des faucheurs, le fut aussitôt après sa chûte. Les
caractères de ces pierres et leur analyse
étant cependant conformes à ceux des autres
aérolithes, leur chûte n'en paroît pas moins
bien constatée ; mais il est à regretter que
ceux qui ont recueilli les circonstances de
ce phénomène, les aient rassemblées d'une
manière aussi incorrecte.

Les pierres tombées près Lissa, ne ta-
choient point les doigts; aucune d'elles ne
répandoit d'odeur sulfureuse, quand elles
furent ramassées, ce qui tenoit à leur refroidissement qui eut certainement lieu en
peu de temps, à cause de la petitesse de leur
volume. Personne ne remarqua que leur
chûte ait été accompagnée d'éclair ou de
météore lumineux, non plus que de pluie,
de vent, ou de quelque indice d'électricité
dans l'atmosphère.

Ces aérolithes sont un agrégat, comme
toutes les autres subtsances pierreuses de
même origine: leur couleur est gris de cendre
pâle, leur grain est fin; elles sont traversées
dans tous les sens par de petites veines, et
sont parsemées de petits globules disséminés
dans leur pâte; leur pesanteur-spécifique est
de 3,560. Les portions globuleuses peuvent
être séparées de la pierre réduite en poussière, à l'aide du barreau aimanté, et la
masse elle-même de la pierre fait varier fortement l'aiguille aimantée; ce qui prouve
que comme toutes les autres pierres du
même genre, elle renferme des particules
ferrugineuses à l'état métallique.

Klaproth ayant analysé un fragment d'une

des pierres tombées près de Lissa, reconnut qu'il étoit formé de

| | |
|---|---|
| Fer à l'état métallique. | 0,2900 |
| Nickel. . . . . . . . . | 0,0050 |
| Manganèse. . . . . . . . | 0,0025 |
| Silice. . . . . . . . . | 0,4300 |
| Magnésie. . . . . . . . | 0,2200 |
| Alumine. . . . . . . . | 0,0125 |
| Chaux. . . . . . . . . | 0,0050 |
| TOTAL. . . . . . . . . | 0,9650 |

et il lui resta pour le soufre et pour la perte 0,0350.

Ce célèbre chimiste supposa que tout le fer étoit ici à l'état métallique, quoiqu'avant cette analyse on ne regardât comme tel que celui que séparoit le barreau aimanté, et qu'on crût que le reste étoit combiné à l'état d'oxide, mais il observe à ce sujet que les aérolithes de Lissa, ne présentent aucune trace d'oxidation, et que ceux des points brillants qu'elles renferment, qui ne s'attachent point à l'aiguille aimantée, sont évidemment de la pyrite, dans laquelle le fer est combiné à l'état métallique.

Le même auteur tire de cette analyse, des conclusions très-importantes : « C'est,

» dit-il, sur l'absence totale de l'oxigène, que
» s'appuie l'hypothèse de Proust, qui dit que
» les aérolithes sont des produits de notre
» globe terrestre, qui appartiennent aux
» contrées des pôles, dont elles sont arra-
» chées et lancées en l'air pour retomber
» dans les parties méridionales. »

Cette circonstance, si elle étoit constante,
pourroit cependant tout aussi bien favoriser
l'opinion des personnes qui veulent que les
aérolithes aient été lancées de la lune,
puisqu'on sait que quelques astronomes re-
fusent à cet astre une atmosphère contenant de l'oxigène et saturée de vapeurs
d'eau, comme est celle de notre globe.

Mais il est certain que l'absence totale de
ce principe, ne fut-elle qu'une fois démontrée, réfuteroit complètement l'opinion de
ceux qui croyent que la formation des aérolithes se fait au milieu des régions de notre
atmosphère terrestre, vu que les molécules
de fer et de pyrite martiale se trouvant divisées dans l'air, ne résisteroient pas à l'oxidation même pendant un temps d'aussi peu
de durée.

Une autre pierre est tombée dans les pa-
rages des Etats-Unis de l'Amérique septen-

trionale ; le capitaine Bennet P. Gastewood
en a transmis aux éditeurs de la Gazette
Américaine de Rhode-Island, le rapport
suivant :

« Le 17 juin 1809, nous cinglions E. S.
» E. par un vent du nord assez fort; le
» ciel étoit très-couvert et orageux, il pleu-
» voit, et on voyoit de temps en temps
» des éclairs très-vifs suivis d'un tonnerre
» bruyant, la mer étoit grosse. A onze
» heures du soir on entendit un bruit extra-
» ordinaire à l'arrière du vaisseau, à deux
» reprises très - distinctes ; il ressembloit
» un peu à un coup de pistolet. Peu de
» minutes après les nuages se dissipèrent
» au zénith, sous la forme d'un arc-en-
» ciel, et à l'instant une pierre tomba sur
» le pont, et on en entendit d'autres tom-
» ber dans l'eau, à bas bord, à une dis-
» tance d'à peu près douze pieds seulement.
» Cinq à six minutes après l'arc-en-ciel
» descendit à l'horizon.

» Je présume, d'après la quantité de ces
» pierres que j'entendis tomber dans l'eau,
» que le navire et l'équipage auroient réel-
» lement souffert si elles fussent tombées
» sur nous.

» J'ai conservé celle qui tomba sur le
» pont, elle pèse plus de six onces ; elle est
» couleur de fer et paroît imprégnée de
» cuivre. Le temps demeura très-chargé,
» avec pluie, éclairs, et tonnerre, et la mer
» continua à être très-houleuse. »

Depuis cette chûte de pierres, le fait le plus
important de ce genre, parvenu à ma connoissance, est la chûtè des trois pierres
qui tombèrent le 23 novembre 1810, dans
la commune de Charsonville, canton de
Meung, département du Loiret. A cettè
époque je me trouvois résidant à ma terre
de la Source, distante de Charsonville d'environ six lieues, et à une lieue et demie
au sud d'Orléans.

J'entendis parfaitement les explosions qui
furent violentes, et me frappèrent d'autant
plus, que dans ce moment le temps étoit
calme, et le ciel parfaitement serein. Elles
furent également remarquées par les personnes habitant le château et les environs, qui toutes les différencièrent du
bruit du tonnerre, mais les comparèrent
ainsi que moi à l'explosion successive de
trois ou quatre coups de canon d'un gros
calibre, tirés à une certaine distance, et

suivie

suivie d'une espèce de roulement attribué aux échos. Personne autour de nous n'aperçut ni chûte, ni éclair, ni rien autre chose de lumineux, et pour nous ce phénomène ne parut précédé d'aucun signe, ni suivi d'aucun effet.

Bientôt nous apprîmes que tous les habitants d'Orléans, avoient entendu et remarqué les mêmes explosions que chacun voulut expliquer à sa manière. Quelques-uns attribuèrent leur cause à l'embrasement d'un magasin à poudre du côté de Tours; mais la cause véritable ne resta pas long-temps inconnue, car M. le baron Pieyre, préfet du département du Loiret, aussi zélé pour le progrès des sciences que pour le bonheur de ses administrés, ayant pris sur-le-champ des informations, reçut peu de jours après un rapport détaillé du docteur Pellieux, médecin estimable, résidant à Baugenci, ville distante d'environ deux lieues des endroits où tombèrent ces pierres.

Ce rapport fort intéressant étoit accompagné d'un fragment de l'une des pierres, et fut lu à la séance publique de la Société d'agriculture, de physique, et de médecine, d'Orléans, le 28 novembre 1810 : il fut ensuite imprimé dans le n° 7 du Bulletin de cette Société savante, et a été la première annonce publiée sur cet évènement dû à un phénomène encore remarquable et cependant commun.

Je dois même ajouter ici que les premières relations qui furent insérées relativement à ce fait dans divers Journaux politiques et autres, furent extraites du rapport du docteur Pellieux, et que même plusieurs d'entre celles qui furent extraites des lettres que j'écrivis à cette époque, furent publiées avant que j'eusse été à même de recueillir d'autres renseignements.

Voici donc un extrait de ce rapport qui se trouve en entier inséré au tome II, page 22, du Bulletin déjà cité; je vais en donner ici le précis, parce que ce recueil est encore très-peu répandu, quoique renfermant des Mémoires fort intéressants.

« Le vendredi 23 novembre 1810, à une
» heure et demie après midi, le temps
» étant très-calme et serein, le vent au
» sud, le thermomètre de Réaumur à 12
» degrés, et le baromètre à 27 pouces 6
» lignes, on a entendu dans la ville de
» Baugenci, et surtout dans la campagne

» environnante, une explosion qui a duré
» quelques minutes, et dans laquelle on
» a distingué trois fortes détonations qui se
» sont succédées, et qui sembloient être
» l'effet d'une mine considérable ou plutôt
» l'explosion d'un magasin à poudre. Les
» gens de la campagne ont été d'autant
» plus effrayés , qu'indépendamment du
» bruit qui s'y étoit fait entendre plus dis-
» tinctement, ils ont vu dans l'atmosphère
» un globe de feu qui se dirigeant du nord
» au sud, avoit formé au moment de l'ex-
» plosion une traînée de feu considérable
» dans toute sa direction (*). Le nommé

---

(*) L'apparition de ce globe de feu et de la traînée de
feu, est niée par la plupart des témoins les plus irrécusables,
qui assurent n'avoir rien vu de semblable. Très-peu de gens
disent les avoir vus, et beaucoup disent seulement qu'on les a
vus. Au surplus, la chûte ayant eu lieu en plein jour, il est très-
possible qu'il y ait eu dégagement de lumière, sans que cela
ait été visible pour tout le monde; il est aussi possible que
l'habitude de voir l'éclair précéder le bruit du tonnerre,
ait persuadé à quelques-uns des témoins du phénomène, qu'ils
avoient vu un corps lumineux. Quant à moi étant éloigné
de six lieues, il est tout naturel que, quoique je regardasse
alors par ma fenêtre, du côté d'où partoit le bruit, je n'aie
rien vu de semblable, puisque aucun des habitants de La
Touanne qui n'en est qu'à une lieue, ne vit rien non
plus.

» Jean-Charles Hénault, fermier de la mé-
» tairie de *Mortelle*, distante de quatre
» lieues de notre ville, et située entre les
» bourgs d'Epieds et de Charsonville, vient
» de me faire à ce sujet le rapport suivant :

» Hier à une heure et quart après midi,
» étant sorti de la ferme avec le garçon
» charretier, nous avons vu en l'air un globe
» de feu considérable venant du nord, et
» qui après avoir fait un long trajet, est
» venu crever au - dessus de nous , lan-
» çant de tous côtés feux et flammes. Nous
» avons entendu aussitôt trois coups qui se
» sont succédés à quelque distance les
» uns des autres, et nous ont paru sem-
» blables à trois forts coups de canon : à
» ce bruit a succédé un sifflement extraor-
» dinaire , produit par une pierre accom-
» pagnée d'une fumée très-épaisse, qui a
» été lancée près de l'endroit où nous étions,
» et a fait jaillir la terre sur laquelle elle
» est tombée, à la hauteur de plus de cinq
» pieds.

» Revenus de notre frayeur , nous avons
» été à l'endroit même où elle étoit tom-
» bée ; mais craignant qu'elle ne se relevât,
» nous avons attendu quelque temps, d'au-

» tant plus que nous avions besoin d'outils
» pour la retirer de la terre où elle s'étoit
» enfoncée à la profondeur de deux pieds
» ou environ ; elle étoit encore chaude et
» pesoit vingt livres. Tous les habitants du
» voisinage sont accourus au bruit, et cha-
» cun a voulu en avoir un morceau.

Cette pierre, dont Hénault remit au docteur Pellieux un fragment très-peu considérable, avoit avant d'être brisée, la forme
d'un carré long, de six pouces de longueur
sur cinq pouces d'épaisseur. Elle étincelle
sous le briquet, et produit un son mat,
lorsqu'elle est frappée avec un instrument
de fer ; elle est recouverte d'une croûte
presque noire et enfumée ; mais elle est
d'un gris cendré dans son intérieur, et
parsemé de points brillants, qu'à l'aide du
microscope on reconnoît bientôt pour autant de globules métalliques de la nature
du fer, qui rendent la pierre dans son entier
attirable à l'aimant. Son poids d'ailleurs
est assez considérable pour son volume,
et elle ne présente à l'intérieur ni vuide ni
boursouflure.

Le rapport du docteur Pellieux, me paroissant fait un peu à la hâte, et ne pré-

sentant à l'appui des détails qu'il renferme, que l'assertion d'un seul témoin, je cherchai à me procurer des renseignemens qui portassent un caractère encore plus irrécusable; mais ne pouvant dans ce moment me transporter moi-même sur le lieu où les pierres étoient tombées, j'écrivis à M. de La Touanne, mon parent et mon ami, habitant à cette époque la belle terre dont il porte le nom, située à une lieue de Charsonville, et je le priai de prendre tous les renseignemens possibles sur le phénomène qui m'intéressoit.

Il avoit prévenu mon désir à cet égard, car le lendemain matin du jour de la chûte, il s'étoit transporté accompagné de quatre autres personnes sur les lieux, où la pierre étoit tombée. Là, il réunit et compara entr'elles les dépositions de tous les témoins oculaires des chûtes, et pour rendre les détails plus authentiques, fit rassembler par les domestiques qui l'avoient accompagné, tous ceux des habitans du village de Charsonville qui se trouvoient alors chez eux; et du conflit de leurs rapports résulta une relation détaillée, d'après laquelle je vais tracer l'histoire de la chûte de pierres dont il est ici question, de la manière qui me paroît la plus évidemment exacte.

M. de La Touanne étoit à environ une lieue de l'endroit de 'la chûte, à se promener avec ses enfants, et regardoit par hasard en l'air, du côté de Charsonville, lorsqu'il entendit les violentes détonations qui paroissoient avoir lieu au - dessus de leurs têtes ; ses enfants regardèrent comme lui et ne virent aucune lumière du côté d'où partoit le bruit. Quarante personnes sortirent dans la cour du château et n'en virent pas davantage ; mais le soir même on apprit qu'il étoit tombé des pierres à Charsonville, et que telle étoit la cause du bruit qui les avoit étonnés. M. de La Touanne, voulant vérifier ce fait, se transporta le lendemain matin sur le lieu même, accompagné d'un garde-chasse, d'un domestique, et de deux de ses enfants. Arrivé à la ferme de Villorceau, il fut confirmé dans la vérité de la relation qui lui avoit été faite, mais personne jusque-là n'avoit vu de lumière ni de globe de feu. On lui indiqua les lieux où les pierres étoient tombées, et il s'y transporta sur-le-champ. Là, il acquit quelques-uns des fragments de pierre, dont il me donna un, et alla lui-même visiter les trous d'où les pierres furent extraites. Il recueillit les détails de la bouche même de plusieurs des témoins du phénomène, dont un berger, un charretier, et plusieurs autres virent tomber les pierres près d'eux.

Il conclut enfin, à la suite de toutes ses recherches, que le 23 novembre 1810, à une heure dix minutes de l'après-midi, il est tombé trois pierres dans la commune de Charsónville, canton de Meung, département du Loiret. Leur chûte fut accompagnée d'une suite de détonations qui dura plusieurs minutes. Les pierres tombèrent dans un espace de terrein d'une demi-lieue d'étendue; leur chûte eut lieu perpendiculairement, sans que les habitants de Charsonville aperçussent ni lumière ni globe de feu apparent, soit au-dessus de la commune de Charsonville ou des environs. L'une des pierres tomba près *Mortelle*, et ne fut pas retrouvée; les deux autres tombèrent à Villeray et au Moulin-brûlé. De ces deux, l'une pesoit environ vingt livres, elle avoit fait un trou de la grandeur justement nécessaire, creusé de deux pieds dans la terre compacte; et d'un pied dans le tuf calcaire. Ce trou étoit vertical ; et la pierre qui en a été retirée une demi-heure après, étoit assez chaude pour que ceux qui la retirèrent eussent peine à la tenir dans leurs mains.

La seconde pierre retrouvée avoit formé un trou semblable dans une terre compacte, et avoit pénétré à trois pieds de profondeur. Son poids, avant d'être cassée, étoit de quarante livres environ ; elle n'a été retirée que dix-huit heures après sa chûte. Il paroît certain que la petite pierre encore chaude répandoit une forte odeur de poudre à canon, qu'elle a conservée dans la maison où elle fut portée, jusqu'à son parfait refroidissement.

Il paroît encore constant d'après les divers rapports, que le bruit des explosions successives, au nombre de trois ou quatre, suivies d'un roulement, produit par l'écho, a été entendu aussi fortement à Orléans, qu'au lieu de la chûte. On dit même qu'il a été aussi fort à Sully, à Ouzouer-sur-Trézée, à Montargis, à Salbris, à Vierzon, et à Blois. Dans tous ces lieux il paroît avoir causé quelque inquiétude, et avoir été attribué à l'explosion d'un magasin à poudre, ou autre cause qui auroit eu lieu dans l'éloignement; ce qui me paroît démontrer que l'explosion s'est faite à une hauteur très-grande.

Ces pierres étoient informes, irrégulièrement arrondies sur tous les angles, et présentoient tous les caractères communs à ces sortes de substances, mais elles offrent une particularité très-remarquable, en ce qu'elles sont coupées par quelques veines noires irrégulières et très-marquées, semblables à certaines veines très-communes dans les roches; ce qui me semble prouver, 1° qu'elles n'ont point été formées instantanément, mais qu'elles étoient pré-existantes aux filons qui les traversent, 2° que depuis leur formation elles n'ont point été réduites à l'état gazeux, et 3° par une conséquence nécessaire, qu'elles ne se sont pas formées dans l'atmosphère.

Le jour où le phénomène s'est manifesté, le temps étoit singulièrement calme et serein, il faisoit soleil comme dans une des plus belles journées d'automne, et aucun nuage ne paroissoit à l'horizon.

On voit dans le n° 362 de la Bibliothèque britannique, publié en janvier 1811, une relation du même phénomène, qui y fut insérée d'après une lettre que madame de La Touanne écrivoit à sa mère, et dont quelques copies s'étoient par hazard répandues dans Orléans. Le fait s'y trouve rapporté d'une manière conforme à celle que j'ai crû devoir adopter, et est une preuve de plus de l'exactitude des détails dans lesquels je suis entré : je ne la rapporterai pas ici parce qu'elle ne renferme que ce que j'ai dit précédemment. Je ne parlerai pas non plus, par la même raison, des notes qui se trouvent insérées sous mon nom dans le Journal de physique ou dans le Bulletin de la Société philomatique ; mais je crois devoir donner ici une description détaillée des échantillons que je possède des pierres tombées à Charsonville.

Les pierres tombées dans la commune de Charsonville, quoique d'une pâte plus uniforme, se rapprochent beaucoup par leur aspect de la plupart des autres de la même origine, et particulièrement de celles tombées à l'Aigle ; mais elles présentent cependant plusieurs particularités très-remarquables, et entr'autres une singularité qui n'avoit point été observée jusqu'ici, laquelle consiste en ce que les deux masses qui furent retrouvées , et qui tombèrent en même temps, quoique paroissant de même nature, offrent des différences qui ne permettent pas de croire qu'elles aient pu former un seul et même bloc; en sorte qu'il me paroit évident qu'elles étoient séparées avant leur entrée dans l'atmosphère terrestre , et que quel que soit le lieu d'où elles nous sont venues , elles étoient séparées avant d'avoir été lancées sur la terre , ou au moins étoient réunies entr'elles par des morceaux qui nous manquent , et formoient la transition intermédiaire : peut-être celle des trois pierres qui n'a point été retrouvée, nous offriroitelle cette transition. Quoi qu'il en puisse être , je vais donc après avoir déterminé les caractères communs aux deux que nous connoissons , décrire chacune d'elles en particulier, pour faire mieux sentir les différences qu'elles présentent.

Ces pierres étoient informes , leur figure approchant un peu d'un cuboïde irrégulier, dont les angles, les arêtes, et même les surfaces se seroient arrondis et déformés en subissant de grandes altérations. La surface de ces pierres étoit totalement revêtue de l'enduit noir brunâtre à demi vitrifié qui récouvre toujours ces sortes de substances ; il suivoit uniformément tous leurs contours, qu'il enduisoit de l'épaisseur d'un peu moins d'un millimètre. Examiné à la loupe, cet enduit présente l'aspect d'une fritte non vitreuse d'un noir brun, renfermant quelques globules métalliques. Il est fortement attirable à l'aimant, et assez dur pour faire très - légèrement feu au briquet, mais ne raye que foiblement le verre ; sa cassure vue à la loupe paroît frittée mais non vitreuse, et sa surface paroît comme chagrinée.

L'intérieur des masses est évidemment un agrégat de plusieurs substances hétérogènes, dont l'ensemble offre une couleur gris cendré, et une cassure terreuse un peu grenue, à grains fins.

La pesanteur spécifique d'un morceau de la petite pierre qui ne contenoit aucune trace de sillon noir, étoit de 3,6373 ; mais celle de la grande varioit dans ses divers morceaux en raison de la quantité du grand filon noir qui les traversoit. Ainsi un fragment du poids de 17 grammes 73 centigrammes, qui paroissoit contenir environ un quinzième

de son volume de ce filon noir, ne pesa spécifiquement que 3,6350; ce qui donne lieu
de présumer que si une portion du filon noir
eut pu être détachée de la masse environnante, sa pesanteur spécifique n'eut été
que de 3,5928. Ce même morceau quoique
pesant, dur, compacte, et sans fente apparente, étoit assez poreux, car non seulement
étant mis dans l'eau il se recouvrit de bulles
d'air, mais encore il absorba 0,0113 de
son poids d'eau.

Haüy indique dans le tome XVII des Annales du Muséum d'histoire naturelle, une
pesanteur spécifique plus grande, car il la
porte à 3,712; ce qui ne m'étonne nullement, attendu qu'elle m'a paru à peu près
semblable dans quelques morceaux, et que
d'ailleurs toutes les parties des pierres de
Charsonville ne sont pas également compactes; qu'elles diffèrent en dureté, assez
pour faire feu au briquet dans quelques endroits et pas dans les autres, et surtout parce
que la quantité des grains de fer répandus
dans la masse de ces pierres n'est pas partout
uniforme. Il n'en est pas moins constant,
ainsi que l'a remarqué le savant professeur
du Muséum, que les pierres de Charsonville

pèsent plus que les autres aérolithes, qui jusqu'à présent n'ont pesé que 3,5 ou environ, si ce n'est celles qui étoient principalement métalliques.

Il me paroît encore évident, que dans la supposition où on admettroit que la grosse pierre sans veines noires pèseroit 3,712 , on devroit conclure que la veine noire seule ne pesoit au plus que 2,457. Cette veine noire seroit donc par sa pesanteur spécifique , la portion des aérolithes qui se rapprocheroit le plus des pierres tombées près d'Alais en 1806, desquelles la pesanteur n'étoit que de 1,940.

Ce rapprochement que la couleur permet de faire, est encore plus admissible, si l'on suppose, comme cela paroît vrai en effet, que les veines de la pierre de Charsonville, renferment plus de fer que les pierres tombées près d'Alais.

Nous reviendrons encore sur ce rapprochement après avoir examiné les autres caractères de ces pierres.

La dureté, la ténacité, et l'aspect des pierres tombées à Charsonville sont évidemment les mêmes que dans les autres pierres atmosphériques ; et les deux tombées en même temps présentent sous ce rapport la plus grande analogie. Elles sont l'une et l'autre coupées par des filons irréguliers de couleur noire , mais qui sont tellement minces dans la plus petite pierre, qu'ils sont presque imperceptibles à l'œil nud.

La masse de ces pierres, vue à la loupe, paroît formée d'une pâte terreuse d'un blanc grisâtre renfermant une multitude de globules métalliques irréguliers, de couleur grise, qui peuvent être séparés de sa poussière à l'aide de la pierre d'aimant, et m'ont paru former les 0,31 de la masse totale. Quelques portions métalliques blanches plus petites et plus brillantes que les autres, m'ont semblé devoir être considérées comme de nature pyriteuse ; elles m'ont présenté quelques faces carrées qui m'ont fait présumer qu'elles sont de forme cubique ; elles sont plus brillantes que les globules ferrugineux, mais beaucoup moins nombreuses.

Ces pierres sont sèches et âpres au toucher ; elles sont porreuses, et absorbent l'eau avec avidité, en laissant dégager par bulles l'air qui les pénètre. Elles happent à la langue, et quand elles sont exposées à l'humidité , elles se recouvrent de taches

de

de rouille qui ne s'étendent point à toute la surface, ce qui lui donne, à l'aide de la loupe, l'aspect d'un granitelle ou plutôt d'un grès à grains très-petits.

L'une et l'autre des deux pierres retrouvées à Charsonville, contiennent quelques-uns de ces grains blanchâtres arrondis, qui furent remarqués dans les pierres tombées à Weston, et que Gillet de Laumont compara, pour l'aspect, au feld-spath, quoiqu'ils paroissent de nature différente. Malheureusement ceux que je possède sont très-petits, leur couleur est blanche, et ils paroissent avoir un tissu lamelleux ; mais je n'ai pu leur reconnoître aucun autre indice de forme régulière, parce qu'ils sont de la même dureté que la pâte qui les renferme.

La petite pierre tombée à Charsonville m'a paru contenir plus de ces corps, et en offrir de plus volumineux que ceux que j'ai observés dans la grosse, mais qui y sont presque imperceptibles. Ces corps, à l'aide de la loupe, paroissent blancs et demi-transparents, quelques-uns semblent cristallisés, mais sont tellement empâtés dans la masse d'apparence presque granitique qui les renferme, qu'il est très-difficile de les en séparer, et impossible d'en reconnoître la forme. Leur dureté est à peu près la même que celle de la masse qui les renferme, et ils se laissent entamer par l'acier.

Outre le nombre plus considérable des corps globuleux renfermés dans la petite pierre tombée à Charsonville, elle diffère encore de la grosse par un aspect un peu plus terreux, une nuance d'un gris un peu plus bleuâtre, une apparence un peu moins granitique à l'aide de la loupe, et surtout en ce que les filons noirs qui la traversent sont beaucoup plus minces et presque imperceptibles, tandis que la grosse en renferme plusieurs qui se coupent en divers sens, et dont l'un d'eux qui traverse la pierre irrégulièrement, a de deux à six millimètres de puissance, et est d'épaisseur très-variable.

La matière de ces filons diffère certainement de celle du reste de la masse, et paroît se rapprocher par son aspect des pierres tombées près d'Alais ; mais elle est beaucoup plus dure, plus pesante, ne tache point les doigts, et est d'une couleur bien moins noire. On ignore aussi si le carbone est au nombre des éléments de la

veine qui se trouve dans la pierre de Charsonville, tandis qu'on sait, d'après l'analyse
de Thénard, que les pierres tombées près
d'Alais, sont colorées par cette substance.

La cassure des veines des pierres de Charsonville, est terne, analogue à celle des
schistes compactes, et paroît esquileuse dans
le sens perpendiculaire au plan du filon.

Plusieurs autres petits filons noirs, très-
minces, viennent irrégulièrement couper celui-ci, et quand ils sont cassés dans le sens
de leur épaisseur, paroissent recouvrir la
pierre d'un enduit noir, luisant, et assez
dur, presque semblable pour l'aspect aux
petites portions noires schisteuses que présentent dans leur cassure certains grès de
houillère; mais les petites couches d'enduit
dans les pierres tombées à Charsonville,
sont toutes de même nature que celle du
filon principal. Elles sont d'un noir brillant,
avec quelques reflets bleuâtres; chauffées
sur un charbon, elles prennent une teinte
plus grise et mate, en répandant une odeur
sulfureuse très-sensible. Elles n'ont nulle
apparence scorifiée, et paroissent différer
beaucoup sous ce rapport de la petite couche
noire qui recouvre la pierre à l'extérieur.

17*

Il me paroît présumable d'après un examen attentif de ces pierres, qu'elles doivent
être considérées comme des agrégats formés
à la manière de nos roches ; elles sont de
mêmè composées de grains réunis, amorphes,
ou confusément cristallisés , de plusieurs
substances différentes , formant une masse
coupée de filons ou de veines plus ou moins
considérables, dans plusieurs sens différents.

En comparant, dans cette supposition , tous
les corps tombés jusqu'à ce jour, on pourroit
les considérer comme provenant d'une même
masse., dont quelques morceaux renferme-
roient plus ou moins d'un des éléments com-
posant, ainsi que nous le voyons dans les divers débris d'une même roche granitique.
Quelques grains métalliques plus gros, ou
même des rognons de minerai , se seroient
quelquefois trouvés détachés de la masse principale, et auroient été lancés séparément, tels
que ceux qui tombèrent en 1751, à Hraschina, près d'Agram , dans la basse Hongrie;
plus souvent des morceaux de la masse principale et presque homogènes , auroient été
lancés sur la terre , tels que ceux tombés
à l'Aigle, à Bénarès, et à Sales ; d'autres
morceaux comme ceux de Charsonville, au-

roient renfermé des portions des filons qui coupent la masse d'où ils ont été détachés ; et enfin quelques portions isolées des gros filons auroient pu être lancées séparement et former les pierres tombées à Alais , qui semblent se rapprocher le plus de la matière des filons de celles de Charsonville. Les masses de fer natif, et les aérolithes tombées à Staunern, en 1808, pourroient provenir de rognons, de filons, ou de couches particulières.

Vauquelin vient de publier dans les Annales du Muséum d'histoire naturelle de Paris, page 1ʳᵉ, tome XVII, l'analyse de l'une des pierres tombées à Charsonville. Il a opéré sur un fragment appartenant à la plus grosse des deux qui ont été retrouvées, et a fait précéder son rapport de la relation du phénomène adressée au Ministre de l'intérieur par M. Pellieux , et imprimée , originairement dans le Bulletin de la Société d'agriculture et des sciences physiques et médicales d'Orléans.

Il y joint aussi une excellente description faite par Haüy , dans laquelle ce savant observe que la pierre tombée à Charsonville, qu'il a vue , est recouverte d'une croûte noire très-mince ; qu'elle est à l'intérieur d'un gris clair, traversé par une veine noirâtre; ce qui, remarque-t-il, n'a été observé jusqu'ici dans aucune autre pierre de ce genre. La texture est granuleuse et plus serrée que celle des aérolithes tombées à l'Aigle, à Ensisheim, et en général de toutes celles qui ont été observées au *Muséum*. Cette pierre renferme un grand nombre de grains de fer à l'état métallique, que l'on distingue facilement à la vue simple. On aperçoit aussi dans son intérieur quelques globules blanchâtres analogues à ceux que contiennent diverses autres pierres du même genre, spécialement celles qui sont tombées à Bénarès, dans les Indes Orientales, et à Weston, dans les Etat-Unis.

Toutes les parties de l'aérolithe, même celle où l'œil ne distingue aucune trace de fer, exercent une action très-sensible sur l'aiguille aimantée, et cette action s'étend jusqu'aux moindres parcelles détachées de la masse. Cette pierre donne à certains endroits des étincelles par le choc du briquet, et ses fragments aigus rayent légèrement le verre. Sa pesanteur spécifique s'accorde avec l'indication de son tissu et de sa consistance, c'est-à-dire qu'elle est un peu plus forte que celle des autres aérolithes, auxquelles la pierre de Charsonville ressemble beaucoup par son aspect et par ses principaux caractères, quoique elle en diffère cependant en ce que ses molécules paroissent avoir subi un rapprochement plus intime, soit originairement, soit pendant le refroidissement qui a suivi l'incandescence.

Après cette intéressante description, Vauquelin donne avec détail la suite aussi instructive que savante, des expériences dont les résultats l'ont conduit à connoître les principes constituants de la pierre tombée à Charsonville. Ces détails doivent être consultés par les chimistes dans le Mémoire que j'extrais ici ; je vais cependant indiquer succintement la suite des expériences faites par ce savant professeur, dont j'ai eu l'avantage de suivre long-temps les leçons, afin de donner une idée précise du mode d'analyse employé dans cette circonstance, à ceux qui n'ayant pas eu le même avantage que moi, ne parcourront cet ouvrage que comme un précis historique des diverses chûtes de pierres.

Après avoir reconnu la présence du chrôme

par la couleur que la poussière de la pierre
de Charsonville donnoit à la potasse caustique, sa combinaison avec cet alcali fut
dissoute dans l'eau, puis réduite à un petit
volume pour favoriser la précipitation de
l'oxide de manganèse.

L'excès de l'alcali ayant été saturé par
l'acide nitrique, et la liqueur ayant été
évaporée, on obtint par la lixiviation du
résidu, le chrômate de potasse, séparé de
l'alumine et de la silice qui avoient été
dissoutes.

L'alumine et la silice ayant été réunies
au résidu qui n'avoit pas été dissous dans
la potasse caustique, furent traitées par
l'acide muriatique très-affoibli, qui a dissous
la totalité hors quelques atomes de silice.

A l'aide de l'évaporation la silice fut séparée, et une eau légèrement acidulée lui
enleva le peu de fer oxidé qui s'étoit précipité avec elle. La dissolution muriatique
contenoit encore de la magnésie, du fer,
du nickel, de la chaux, et de l'alumine.
Pour parvenir à isoler ces substances, un
excès d'acide ayant été préliminairement
ajouté à la dissolution, on y ajouta ensuite
de l'ammoriaque en excès en agitant ra-

pidement le mélange pendant quelques minutes, et par-là le fer et l'alumine furent précipités.

L'alumine fut enlevée de ce précipité par la potasse caustique, et fut elle-même précipitée par le muriate d'ammoniaque, en sorte qu'elle se trouva isolée.

Il ne restoit donc plus à séparer que le nickel, la chaux, et la magnésie qui se trouvoient encore dans la dissolution muriatique sur-saturée d'ammoniaque. Pour parvenir à ce but, l'alcali surabondant fut évaporé par la chaleur, ensuite un courant de gaz hydrogène sulfuré ayant été introduit dans la liqueur, en précipita le nickel à l'état de sulfure.

L'oxalate d'ammoniaque précipita ensuite la chaux de la liqueur qui la tenoit dissoute; et enfin la magnésie en fut séparée par l'ébulition, à l'état de carbonate, après avoir ajouté une quantité de carbonate de potasse suffisante pour décomposer tous les sels triples ammoniacaux.

Enfin l'action des acides muriatiques et nitriques sur d'autres portions de la pierre réduites en poudre, ayant démontré la présence du soufre par le dégagement d'hydro-

gène sulfuré et par la formation d'acide sulfurique, Vauquelin en conclut que la pierre
dont il avoit fait l'analyse étoit formée de

| | |
|---|---|
| Silice. . . . . . . . | 38,4 |
| Fer métallique . . | 25,8 |
| Magnésie . . . . . | 13,6 |
| Alumine. . . . . . | 3,6 |
| Chaux . . . . . . . | 4,2 |
| Chrôme . . . . . . | 1,5 |
| Manganèse . . . . | 0,6 |
| Nickel. . . . . . . | 6,0 |
| Soufre. . . . . . . | 5,0 |
| Total. . . . . . . | 98,7 |

et par conséquent dans cette longue suite
d'opérations, il n'éprouva que 1,3 de perte.

Il me semble qu'il est très-à-propos de faire
remarquer ici que cette aérolithe, quoique
renfermant les mêmes substances que les
autres, les contient cependant dans des proportions très-différentes, et sous ce rapport
s'éloigne autant d'elles que par sa dureté, par
sa pesanteur, et par les veines noires qui la
coupent irrégulièrement. Si donc les aérolithes étoient classées par espèces, celle-là
mériteroit bien d'en former une séparée.

Outre l'analyse que nous venons de citer,

Vauquelin a fait sur l'aérolithe de Charsonville plusieurs autres observations intéres-
santes. Ainsi ayant exposé un fragment
à une chaleur brusque, dans un creuset
chauffé au rouge blanc, et ayant ensuite
continué de le chauffer pendant une demi-
heure, la pierre n'éclata point et n'exhala
point d'odeur sensible. Sa couleur blanche
grisâtre devint noire non-seulement à la surface, mais encore dans son intérieur ; son
poids augmenta de $\frac{1}{233}$ ; sa dureté devint plus
considérable et sa cohésion surtout fut très-
augmentée. Alors frappée par le marteau,
elle lanca beaucoup d'étincelles, et cet instrument y laissa une trace brillante métallique : la pierre étant limée présenta le
même brillant.

Vauquelin pense que la couleur noire que
la pierre acquiert pendant cette opération,
est due à un commencement d'oxidation du
fer et surtout du manganèse, et il croit que
l'augmentation de sa ténacité est produite
par la liaison que les parties ferrugineuses
contractent entr'elles comme si elles se
soudoient par la chaleur.

La veine noire a paru au même savant plus
attirable à l'aimant, ce que je n'ai pu recon-

noître comme lui sur des fragments isolés
approchés comparativement de l'aiguille aimantée. Il m'a paru au contraire que la masse
de la pierre étoit plus attirable que la substance de la veine. Enfin Vauquelin regarde
comme probable que la veine a été formée
par une fêlure faite dans la pierre au moment de son incandescence, en sorte que
l'air en s'introduisant dans cette fente aura
brûlé le fer, et qu'après cette combustion
les deux surfaces se seront soudées.

Je ne puis admettre cette opinion, quelque imposante que soit l'autorité du savant
qui l'a émise, car,

1° La veine noire est homogène dans
toute son étendue, très-inégale dans son
épaisseur, et présente une cassure très-
différente du reste, sans offrir aucun
caractère de fusion;

2° La pierre chauffée très-brusquement
et très-fortement, n'a point éclaté pendant
son incandescence;

3° La veine est très-adhérente à la pierre,
elle est aussi dure qu'elle, et ses parois
n'offrent aucune trace d'altération intermédiaire entre les deux substances qui paroissent très-distinctes;

4° Parce que la veine va en diminuant d'épaisseur, mais cependant coupe toute la masse, et que plusieurs autres petites veines qui coupent la pierre se perdent dans sa masse, en sorte que l'on ne sauroit croire que les veines ne sont que les traces de la soudure des parois, la matière qui les forme ne paroissant pas avoir été plus en fusion que le reste de la pierre, et renfermant de même des grains de fer métallique ;

5° J'ai chauffé assez fortement au chalumeau un fragment de veine noire, comparativement à un fragment de la masse de la pierre, la couleur du premier est devenue d'abord d'un noir un peu grisâtre, et ensuite un peu brunâtre ; le second est devenu d'abord noirâtre, puis d'un gris brun assez prononcé à l'aide du dard de flamme extérieur, et a noirci ensuite par le dard intérieur.

Je vais terminer le récit de ce phénomène, après lequel je n'en ai plus que peu d'autres à citer, par des conclusions qui me paroissent devoir être celles de cette cinquième section.

Je persiste à croire, 1° que les veines

qui existent dans les pierres tombées à Charsonville, étoient pré-existantes au moment de leur incandescence;

2° Que les pierres tombées à Charsonville étoient toutes formées et coupées de veines avant d'être lancées sur la terre ;

3° Qu'elles ont été formées à la manière des roches, de divers minéraux différents, agrégés soit dans le moment de la précipitation d'un dissolvant commun, soit qu'à la manière des grès, les minéraux composants se soient trouvés réunis entr'eux postérieurement à leur précipitation partielle ;

4° Que dans l'un et l'autre cas, les veines noires remplirent les fêlures qui se formèrent dans la masse avant son entière consolidation ;

5° Que ces roches détachées du lieu inconnu dans lequel elles ont été formées, ont été lancées sur la surface de la terre par une cause également inconnue;

6° Que ces masses traversant l'atmosphère avec une très-grande rapidité et renfermant d'ailleurs des substances très-combustibles, telles que le fer, le soufre, le manganèse, et le chrôme, auront dû s'oxider à leur surface;

7° Que cette oxidation ayant été très-prompte n'a dû agir que sur leur surface, mais qu'elle a été suffisante pour la scorifier, pour échauffer la pierre considérablement, et souvent même pour dégager une vive lumière ;

8° Que la résistance de l'air croissant dans un très-grand rapport à mesure de l'accélération de la vitesse des masses projetées, a dû ralentir considérablement cette vitesse, rendre souvent le dégagement de lumière perceptible, et empêcher que ces mêmes corps en tombant n'entrassent à une profondeur énorme ;

9° Qu'il n'est pas impossible que, comme l'a supposé le comte de Laplace, les masses tombées sur la terre nous aient été lancées de la surface de la lune; ou que, comme la supposition du comte de Lagrange permet de le croire, elles doivent leur origine à des fragments d'une planète qui auroit éclaté par une cause quelconque ;

10° Qu'enfin dans ces deux suppositions, les éléments de ces pierres seroient communs à la lune ou à la planète dont elles sont présumées avoir fait partie, et à la terre, mais qu'il y auroit cependant une

grande différence entre leur mode de combinaison aux surfaces de ces planètes, ou à
celle de la terre.

L'une des dernières chûtes de pierres
parvenues à ma connoissance depuis celle
qui eut lieu à Charsonville, est celle dont
on trouve le récit dans le Journal de l'Empire, du 1er juin 1811 , où il est dit qu'on
mande de Lansberg, que le 13 mars 1811 ,
il est tombé de l'air , non loin de Pultawa, dans une terre du comte Golofkin,
une pierre du poids de quinze livres. Trois
coups de tonnerre précédèrent la chûte de
ce corps , qui pénétra d'une aune dans le
sol , et qui étoit encore chaud lorsqu'on le
tira du trou où il s'étoit enfoncé.

Il est à désirer que les savants examinent
ce nouveau corps devenu leur domaine. La
diversité observée entre les masses tombées
à Hraschina, à l'Aigle, à Weston, à Alais,
à Staunern, et à Charsonville, doit enga-
ger les gens instruits à ne négliger aucune
occasion de réunir les faits dont le rapprochement tendra à éclairer sur les causes
et les effets de l'important et curieux phénomène dont nous nous sommes occupés
dans ce Mémoire.

Nous

Nous ne terminerons pas cette section sans ajouter la citation de quelques chûtes dont on trouve les relations dans la Gazette de France et dans le Moniteur. Ces relations me paroissent du nombre de celles sur lesquelles il est à désirer qu'on obtienne des détails plus circonstanciés : probablement l'avant-dernière, arrivée récemment près de Toulouse, servira à éclairer sur les phénomènes qui accompagnent ces évènements devenus presque journaliers, depuis que les savants s'accordent pour les observer.

Le 8 juillet 1811, à huit heures du soir, le temps étant beau, et le ciel sans nuages, on entendit à Berlanguillas, sur la route d'Aranda à Roa, en Espagne, une détonation semblable à un fort coup de canon, suivie de trois autres pareilles, puis d'une quatrième qui dura environ une minute, et qui imitoit un feu de file de mousqueterie.

Plusieurs paysans qui labouroient, restèrent immobiles d'épouvante, et peu d'instants après entendirent encore un sifflement semblable à celui d'un boulet, et virent tomber quelque chose qu'ils ne purent distinguer, mais qui fit élever un tourbillon de poussière. Un chien qui étoit avec eux, courut et se mit à gratter autour; ils y furent eux-mêmes, et trouvèrent à huit pouces de profondeur, une pierre brûlante, entourée d'une terre chaude et toute rougie.

Deux ou trois autres pierres sont également tombées à une distance d'environ soixante pas. Les paysans ajoutèrent qu'ils avoient vu dans l'air une ombre très-marquée, causée apparemment par la fumée de l'explosion.

Ces détails ont été transmis par le général Dorsenne, à M. Cuvier.

La première pierre elle-même a été envoyée à Paris, où elle existe entre les mains du célèbre Haüy, qui m'a permis de l'examiner. Elle est oblongue, très-irrégulièrement parallélipipède, semblable à un gros caillou peu roulé. Elle est revêtue de sa croûte noire; n'offre de cassure que sur un petit endroit; et là, elle paroît présenter le même grain et la même dûreté que celles de Charsonville. Elle est fort lourde, dure, et pèse environ deux à trois kilogrammes.

Voici l'extrait d'une lettre de M. de Puymaurin, Membre du Corps législatif

et de la Légion d'honneur, à M. le Sénateur Chaptal, comte de Chanteloup, Membre de l'Institut impérial, insérée dans le
n° 127 du Moniteur, du 6 mai 1812.

« Le 10 avril 1812, à huit heures six
» minutes, à Toulouse, l'air étant calme
» et la nuit très-obscure, l'atmosphère fut
» tout d'un coup éclairée par une lumière
» blanchâtre qui dura environ quinze se-
» condes, et à la clarté de laquelle on pou-
» voit lire, mais qui disparut, quoique par
» degrés, assez rapidement. Deux minutes
» et demie après, une détonation consi-
» dérable se fit entendre; elle ressembloit
» à l'explosion d'une mine, et la commo-
» tion qui en fut la suite, parut si forte,
» que plusieurs personnes crurent avoir res-
» senti un tremblement de terre. A Gaillac
» et à Alby on crut que le magasin à
» poudre de Toulouse avoit sauté. Quel-
» ques minutes après cette explosion le
» ciel s'éclaircit et on put distinguer les
» étoiles.

» On apprit à Toulouse, deux jours après,
» qu'il étoit tombé des aérolithes à six lieues
» de cette ville, dans la commune de Bur-
» gau, département de la Haute-Garonne,

» et dans celle de Savenès, département
» de Tarn et Garonne.

» D'après le rapport de M. Filhol, méde-
» cin distingué, de Grenade, près de Bur-
» gau, et d'après celui du curé de Savenès,
» il paroît qu'on vit dans ces lieux une grande
» clarté permanente, blanchâtre, comme
» celle d'une fusée ; elle dura quatre ou cinq
» minutes. A la fin on entendit trois détona-
» tions semblables à des décharges d'artille-
» rie. A ces détonations succéda une suite
» d'explosions imitant un feu roulant de coups
» de fusils ; elles durèrent quatre à cinq mi-
» nutes, diminuèrent peu à peu, et furent
» suivies d'un bruit confus venant du nord-
» ouest.

» Quelques temps après on entendit dans
» l'air des sifflements de corps traversant
» l'atmosphère, comme des pierres lancées
» avec des frondes. Les détonations et le
» roulement avoit eu lieu du sud-ouest au
» nord-est.

» Le curé de Savenès me mande tenir tous
» ces détails de personnes véridiques qui
» se sont trouvées au milieu de toutes ces
» pierres sans en avoir reçu aucune écla-
» boussure.

» Ces pierres paroissoient venir du côté
» où la déflagration , les détonations , et
» le feu roulant avoient eu lieu.

» Plusieurs de ces aérolithes tombèrent
» à Pechmeja ; une passa dans la métairie
» du côté du bois , au sud-est ; d'autres se
» dirigèrent du côté du ruisseau , dans la
» direction du sud-ouest au nord-est. Une
» autre tomba quelques minutes après sur
» le bord de la vigne , près quelques paysans
» qui furent se cacher. Une pierre tomba
» sur la métairie , cassa les tuiles du toit ,
» et arriva jusqu'à la latte qui les suppor-
» toit : elle y fit une forte dépression : en
» sorte qu'on l'y trouva le lendemain. Il en
» tomba deux à Pechmeja. A Peret , après le
» roulement , une autre tomba sur l'aire , et
» le métayer la ramassa le lendemain. Une
» tomba du côté de Gourdas , et plusieurs du
» côté du Seucourieu , se dirigeant toujours
» du nord-ouest au sud-est. Enfin une autre
» tomba à Las Pradère , près de Savenès ;
» et elle fut brisée par des enfants.

» Les différents échantillons envoyés à
» Toulouse , pèsent de six à huit onces ; ils
» ne sont pas entiers , et ont tous une partie
» de leur surface comme charbonneuse et

» noirâtre; leur intérieur a l'apparence d'un
» grès grossier et ressemble à celui des pierres
» tombées à l'Aigle, mais il paroît contenir
» beaucoup plus de parties métalliques; leur
» pesanteur spécifique est de 3,813. Il paroît
» que le nombre des aérolithes étoit très-
» considérable; mais l'obscurité de la nuit et
» l'effroi des spectateurs n'ont pas permis de
» distinguer le lieu précis de leur chûte,
» et la hauteur des récoltes a empêché une
» recherche plus exacte.

» La distance la plus éloignée entre les
» différents lieux où ces pierres sont tombées,
» est de quatre mille toises.

» Le 10 avril, jour de la chûte de ces
» pierres, équinoxe ascendant; le 11, pé-
» rigée; le 12, nouvelle lune.

» Le préfet de la Haute-Garonne a in-
» vité trois membres de l'Académie des
» sciences de Toulouse, à aller sur les lieux
» constater le fait, en examiner les diffé-
» rentes circonstances, et à en dresser leur
» rapport. » Cette lettre est datée de Toulouse, le 20 avril 1812.

On trouve à l'appui de ce fait la relation
suivante, dans le Journal de physique,
tome LXXIV, page 467.

« M. le préfet de la Haute-Garonne avoit
» chargé une commission de vérifier les faits
» relatifs à l'explosion d'un météore, suivie
» d'une chûte de pierres atmosphériques, qui
» a eu lieu le 10 avril dernier dans le can-
» ton de Grenade et communes limitrophes.
» Cette commission fut composée de MM.
» Daubuisson, ingénieur en chef des mines
» du département, de Saget, membre de plu-
» sieurs Sociétés savantes, Marqué-Victor,
» professeur de physique, et Carney, pro-
» fesseur de mathématique au 3e régiment
» d'artillerie: tous quatre de l'Académie des
» sciences de Toulouse. Elle a fait un rap-
» port détaillé, dont il résulte que la chûte
» des météorolithes en question a été pré-
» cédée, accompagnée, et suivie des cir-
» constances que voici :

» Le temps avoit été pluvieux jusqu'à
» deux heures après midi. A huit heures
» un quart du soir, le ciel étant en partie
» couvert de nuages, le temps calme et
» la nuit obscure, on aperçut une lueur
» semblable à un éclair très-fort. Cette
» lueur, qui dura de dix à quinze secondes,
» fut suivie de trois grands éclats à peu
» près égaux entr'eux, qui se succédèrent

» presque immédiatement. Après ces éclats,
» que plusieurs personnes prirent pour la
» détonation de canons d'un fort calibre,
» on entendit un roulement qu'on n'a pu
» comparer qu'au bruit occasionné par le
» passage d'un grand nombre de voitures
» sur une chaussée pavée : ce roulement
» parut venir du nord-ouest et sembla se
» perdre dans le lointain vers le sud-est.

» On entendit ensuite des sifflements qu'on
» n'a pu mieux rendre que par le terme du
» pays, *bronzina*. Ces sifflements se termi-
» nèrent par la chûte de plusieurs corps.
» Entre le premier éclat et cette chûte,
» il s'écoula un temps que les rapporteurs
» estiment être de soixante-quinze à soixante-
» dix-huit secondes. Personne n'a pu appren-
» dre si la forte lueur qui a été aperçue avoit
» été précédée de l'apparition d'un corps
» lumineux; il est même probable que quand
» il en eût été ainsi, les nuages auroient em-
» pêché de l'apercevoir.

» Après différentes observations sur la
» chûte de plusieurs météorolithes, les rap-
» porteurs donnent la description de cette
» espèce de pierre : Tous les météorolithes,
» disent-ils, se ressemblent parfaitement

» dans leurs caractères minéralogiques ; et
» si chacun d'eux ne formoit un tout distinct,
» on les prendroit pour des fragments de
» la même masse (*). Ils consistent en une
» pâte pierreuse homogène, qui renferme un
» très - grand nombre de petits points de
» fer à l'état métallique et très-malléable :
» ils n'affectent aucune forme particulière ;
» mais leur surface ne présente que des
» angles et des arêtes arrondies ou émoussées
» ( à peu près comme celle d'un corps qui
» auroit éprouvé un commencement de
» fusion ). Cette surface est formée par une
» croûte mince semblable à un enduit super-
» ficiel ; cependant dans quelques endroits
» elle a une épaisseur sensible qui va jus-
» qu'à un demi-millimètre. Elle paroit être
» le produit de la fusion , et porte quel-
» ques indices de vitrification : *elle est*
» *d'un noir un peu brunâtre.*

. » L'intérieur des météorolithes nouvelle-
» ment cassés , est d'un *gris cendré clair*
» qui se fonce et prend un grand nombre
» de taches d'ocre jaune , lorsqu'il reste

---

(*) Cette assertion n'est pas toujours exacte , quoiqu'elle
puisse être vraie , pour tous les météorolithes des environs
de Toulouse, comparés entr'eux.

» quelques jours en contact avec l'atmos-
» phère.

» La cassure est *grenue à gros grains*
» et d'un tissu assez peu serré, comme celle
» de certains grès.

» Abstraction faite des points métalliques,
» elle est absolument *matte*, et d'aspect ter-
» reux.

» Ces météorolithes sont faciles à casser;
» ils ont peu de consistance, et s'égrènent
» ou se pulvérisent aisément. Le choc qu'ils
» éprouvent en tombant, suffit souvent pour
» les casser.

» Ils sont *demi-durs*, approchant du ten-
» dre, c'est-à-dire, qu'ils ne rayent que lé-
» gèrement le verre : la surface seule donne
» quelques étincelles par le choc du briquet.

» Ils ne happent pas à la langue et n'ab-
» sorbent pas sensiblement l'eau dans la-
» quelle on les plonge.

» La pesanteur spécifique des six échan-
» tillons essayés, a varié de 3,66 à 3,709.

» La grande quantité de grains de fer que
» renferment les météorolithes leur donne
» une action très-marquée sur le barreau
» aimanté ; mais ils n'ont point de polarité,
» et tous les échantillons ramassés présen-

» tés par divers points aux deux pôles du
» barreau, les ont toujours attirés et ja-
» mais repoussés (*).

» De légers fragments de météorolithes
» exposés à l'action du chalumeau, s'y sont
» recouverts d'une croûte noire et vernis-
» sée, à peu près semblable à celle qui
» couvre ces pierres dans leur état naturel.
» Les angles de ces fragments se sont fon-
» dus en émail noir.

» Les grains de fer que les météorolithes
» renferment, sont blancs et très - petits.
» On les distingue à peine à la vue sim-
» ple, mais leur très-grande malléabilité
» rend leur présence sensible. Sitôt qu'une
» face est frottée ou rayée par un corps dur,
» ils s'applatissent, et l'endroit frotté ou rayé
» semble couvert d'un enduit luisant et mé-
» tallique, à peu près pareil à celui que le
» frottement ou la raclure manifeste sur
» une plaque de plomb terne. Le poli rend

(*) « Le barreau aimanté décèle encore la grande quantité
» de fer contenu, car les météorolithes réduits en poussière,
» sont presque entièrement enlevés par l'aimant, chaque grain
» de poussière renfermant quelque parcelle métallique ; mais
» si on pulvérise davantage, la partie pierreuse dégagée du
» métal n'est plus attirable. »

» ces points encore plus sensibles. La face
» d'un météorolithe que nous avons fait passer
» sur la roue du lapidaire, présente un fond
» gris parsemé de petites taches métalliques,
» à peu près comme certains jaspes renfer-
» mant des dendrites d'argent. »

On trouve dans la Gazette de France,
du mardi 2 juin 1812, l'article suivant,
daté de Carlsruh, le 23 mai 1812.

« Le 15 avril, à quatre heures du soir,
» on entendit à Helmstœdt, Magdebourg,
» et Erslében, une explosion semblable à un
» fort coup de canon tiré dans l'éloignement.
» Là où la détonation étoit la plus forte,
» un berger aperçut un trou profond nou-
» vellement fait dans la terre. En y creu-
» sant il y trouva une pierre très-lourde
» de la grandeur d'une tête d'enfant. En
» l'examinant avec attention, on la recon-
» nut pour une véritable aérolithe, qui dif-
» fère cependant, en certains points, de la
» plupart de celles décrites jusqu'à ce jour. »

Tels sont les faits parvenus jusqu'à ce moment à ma connoissance, ils sont en plus
grand nombre que ceux renfermés dans
les catalogues déjà donnés, et que j'ai cités
dans cet ouvrage. Je ne vais plus y ajou-

ter que la notice des principales masses de fer natif, qui par leur nature semblent devoir être rapportées à une même origine que les pierres tombées du ciel.

Examinant ensuite succintement les opinions émises jusqu'à ce jour sur les causes d'un phénomène aussi remarquable, je tâcherai d'analyser les faits les plus avérés, afin de mettre sur la voie qui doit par la suite conduire à une explication presque certaine.

## SIXIÈME SECTION.

Outre les chûtes de pierres, dont je viens précédemment de déterminer les époques, il en est d'autres qui sont avérées par la nature de certaines masses minérales que nous possédons sans en connoître l'origine, mais qui par leur isolement, leur analogie avec tous les corps tombés que nous connoissons, et leur différence avec les minéraux que nous retrouvons en place à la surface du globe, doivent évidemment être rapprochées des aérolithes et paroissent devoir être rapportées comme elles à une origine extra-terrestre. Les réflexions sur diverses masses de fer natif, publiées en Allemagne en 1794, par le savant professeur Chladni, ont démontré cette assertion d'une manière positive.

Quelquefois ces substances que l'on assuroit être tombées sans en déterminer l'époque précise, étoient de la nature du fer natif, comme le morceau qui, d'après Jules-César Scaliger, étoit tombé du ciel, dans la Savoie; et d'autres fois ces masses étoient de nature pierreuse analogue à la plupart des masses de ce genre que nous avons vues tomber dans ces derniers temps.

C'est ainsi que parmi les minéraux renfermés dans la superbe collection de M. de Drée, se trouve un fragment d'une pierre présumée tombée de l'atmosphère, qui pesoit environ sept livres : il lui fut donné par M. de Roissy, et faisoit partie de la collection de feu M. de Trudaine à Montigny.

Ses caractères extérieurs sont les mêmes que ceux des autres pierres atmosphériques, et particulièrement que ceux des pierres tombées à Sales ; aussi, quoique l'on ignore le lieu dans lequel arriva sa chûte, il n'est pas permis de douter de son origine.

La partie grise de la pâte est tout-à-fait analogue à celle de la pierre d'Ensisheim, à l'exception de la contexture fissile qui n'existe guère dans celle-ci, et elle est encore enveloppée aux trois quarts dans sa croûte vitreuse.

Plusieurs autres pierres tombées du ciel sont probablement renfermées dans diverses collections, mais leur existence quoique pouvant faire présumer un plus grand nombre de chûtes que celles dont les historiens ont fait mention, ne peut cependant pas être regardée comme une preuve évidente, car souvent il est tombé un grand nombre de pierres à la fois, et beaucoup d'entr'elles doivent avoir été ramassées par les curieux, et conservées dans les collections de ceux même qui regardant leur chûte comme fabuleuse, attachoient peu d'importance aux étiquettes destinées à attester leur véritable origine.

Il est aussi, parmi les masses minérales isolées qui ont été remarquées par les naturalistes, plusieurs blocs de fer métallique que souvent l'opinion des peuples voisins a indiqués comme tombés du ciel. Ces diverses masses ont été remarquées par des voyageurs instruits et dignes de foi, qui en ont même rapporté des échantillons dans les principales collections de l'Europe.

Leur nature différente de celle de tous les minéraux qui se trouvent en place à la surface du globe, et leur analogie avec certaines masses évidemment tombées de l'atmosphère, doivent nous les faire considérer comme de même origine. Ainsi nous citerons ici comme telle, la fameuse masse de

fer

fer natif que le savant Pallas visita dans la Sibérie, où elle avoit été trouvée sur la cime d'une haute montagne, proche l'Enisseï, et entre l'Oubeï et le Sisim.

Le cosaque qui en fit la découverte, étoit forgeron. Il la trouva isolée, sur la cime d'une montagne schisteuse, où elle étoit tout à découvert, sur la surface du sol : elle ne tenoit à rien, et on ne remarquoit autour d'elle ni roches, ni cailloux. Il assura au docteur Pallas, que quoique passionné pour la chasse et en quelque sorte habitué à mener une vie errante, il n'avoit rencontré dans ses courses, ni dans cette montagne, ni dans celles qui sont en face, aucunes traces de fonderie ou scories. Il ajouta que le pliant et la blancheur du fer dans l'intérieur de la masse, ainsi que le son qu'il rendoit par le choc, l'avoit porté à croire que c'étoit un métal plus fin ; ce qui, joint à la croyance que les Tartares avoient que ce bloc étoit sacré et sans doute lancé des cieux, l'avoit fortifié dans cette idée. Aussi voyant qu'on n'entreprenoit pas d'exploitation en règle dans la place où cette masse étoit, il avoit pris le parti de l'enlever et de la transporter dans son habitation. Par la suite on fit l'essai de quelques-uns de ses fragments détachés avec peine, et on reconnut qu'elle étoit composée d'un fer natif très-doux, formé en drûse sans le secours de l'art ; ce qui la fit transporter à Krasnojarck.

Le poids de ce bloc étoit de quarante-deux ponds ( ou environ 700 kilogrammes ). Il étoit revêtu d'une croûte rude et ferrugineuse, qui en fut presque totalement enlevée à coups de maillet. Le reste de la masse est un fer doux, blanc dans ses brisures, mais plein de trous comme une éponge grossière. Ces trous sont remplis de grains vitreux, souvent de couleur d'hyacinthe très-pure, parfaitement transparente, et ayant l'apparence de l'ambre.

La surface de cette substance est ordinairement arrondie et très-lisse, mais quelquefois on y aperçoit deux ou trois facettes plates, dont les extrémités se trouvent toujours arrondies ou tenant à d'autres grains. Ces grains vitreux sont de la grosseur d'un grain de chènevis, ou de celle d'un gros pois ou même plus ; leur couleur varie entre le jaune, le brun, et le vert. Ils présentent dans toute la masse un aspect uniforme ; on n'y remarque aucune trace de scories ; et Pallas dit qu'on ne s'aperçoit point qu'aucun feu artificiel ait agi sur eux.

Le fer en est tellement tenace que plusieurs forgerons ont eu beaucoup de peine à en détacher avec des coins d'acier et des marteaux de forge, un fragment qui pesoit tout au plus un kilogramme, et que l'on ne parvint qu'une seule fois à en tirer un morceau qui pesoit environ un pond, lequel fut envoyé à l'Académie impériale de Saint-Pétesbourg.

Les fragments de la substance pierreuse que renferme cette masse, sont assez durs pour rayer le verre ordinaire, et donnent une grande quantité de fer par l'analyse chimique. Le fer natif qui les accompagne est susceptible d'être forgé, et on en a fabriqué divers petits ouvrages; mais il ne se travaille bien qu'à un feu modéré, et à un feu de forge il devient aigre et cassant. A froid, il se forge et se plie facilement, et même présente une grande ténacité.

Ce fer est enduit d'une espèce de vernis vitreux qui le garantit de la rouille; mais quand cette surface est brisée par le choc du marteau, il se rouille très-facilement.

En un mot tous les caractères de cette énorme masse de fer prouvèrent au docteur Pallas qu'elle n'étoit point un produit des arts, mais qu'elle est sortie de l'atelier de la nature.

Je crois devoir joindre à ce rapport de Pallas, la description minéralogique que le comte de Bournon nous a donnée de deux échantillons de ce fer, renfermés dans la la belle collection de Gréville, et les analyses qui en furent faites par les savants Howard et Klaproth.

Un de ces morceaux, rapporte Bournon, a une texture cellulaire et ramifiée, analogue à celle de quelques scories volcaniques très-poreuses et légères : c'est la texture ordinaire des échantillons de cette espèce de fer qui sont conservés dans les différentes collections minéralogiques. Quand on les examine avec attention on peut y apercevoir non-seulement des cellules vides, mais aussi des impressions ou cavités d'une plus ou moins grande profondeur, quelquefois parfaitement rondes, qui paroissent évidemment être le résultat de la compression d'un corps dur jadis situé dedans, lequel en en sortant a laissé la surface de ces cavités entièrement unie et avec le lustre d'un métal poli. Dans quelques-unes de ces cavités, il reste une substance transparente d'un vert jaunâtre, qui est bien plus abondante dans le second échantillon.

Le fer du premier échantillon est très-malléable ; il peut aisément se couper avec le couteau, et s'applatir ou s'étendre sous le marteau ; sa pesanteur spécifique est de 6,487.

Le second échantillon présente un aspect différent du précédent ; sa plus grande partie forme une masse solide compacte, dans laquelle on n'aperçoit pas la plus petite apparence de pores ou de cavités ; mais une partie de sa surface présente une texture ramifiée ou cellulaire semblable à tous égards à celle de l'échantillon déjà décrit.

Cette masse n'est qu'un fer cellulaire, dont toutes les cavités sont parfaitement remplies par la substance vitreuse qui ne se rencontre que dans quelques-unes des cavités de l'échantillon précédemment décrit.

Cette substance vitreuse d'un vert jaunâtre paroît, quant à son aspect, avoir quelque analogie avec le péridot. Elle est informe, toujours plus ou moins transpa-

rente , assez dur'e pour rayer le verre ,
mais non pour rayer le quartz , et elle
est très-fragile. Sa cassure est conchoïde,
indifféremment dans toutes les directions.
Enfin elle est électrique par le frottement,
jouit d'une pesanteur variable de 3,263 ,
à 3,3oo, et est très-réfractaire.

Howard a fait séparément les analyses
du fer natif de Sibérie , et de la substance
pierreuse que ses cavités renferment. Il a
reconnu que le premier étoit un fer métallique allié à o,17 de nickel. Quant à la
substance pierreuse à laquelle il trouve quelque analogie avec la substance globuleuse
que renferment les pierres tombées à Bénarès , il a reconnu qu'elle étoit composée de

|  |  |
|---|---|
| Silice. . . . . . . . . | o,54 |
| Magnésie. . . . . . . | o,27 |
| Oxide de fer. . . . . | o,17 |
| Oxide de nickel. . . | o,o1 |
| TOTAL. . . . . . . . | o,99 |

à quoi on doit ajouter o,o1 pour la perte
pendant l'analyse.

Klaproth a répété la même analyse et
a trouvé des proportions un peu différentes,
car il a indiqué pour principes constituants
du fer ,

Fer. . . . . . . . . . 98,50
Nickel. . . . . . . . 1,50
                      ————
TOTAL. . . . . . . . 100,00

et pour composants de la substance pierreuse

Silice. . . . . . . . . . 0,410
Magnésie. . . . . . . 0,385
Oxide de fer attirable
à l'aimant. . . . . 0,185
                      ————
TOTAL. . . . . . . . 0,980

en sorte que la perte a été de 0,020.

Il est évident d'après ces analyses qu'il
y a une très-grande analogie entre les éléments de la masse observée en Sibérie par
le docteur Pallas, et ceux qui constituent
les pierres qu'une multitude de témoignages
irrécusables nous démontrent être tombées de l'atmosphère. On peut donc raisonnablement présumer que cette masse,
qui d'ailleurs n'a aucune analogie avec
celles que nous rencontrons en place sur
la surface de la terre, est de même origine
que celles que nous voyons tomber journellement de l'atmosphère.

Les mêmes raisonnements pourront s'appli-

quer à quelques autres masses isolées de
même nature, découvertes par plusieurs savants voyageurs sur divers points de la surface du globe.

L'une des plus remarquables parmi ces
dernières, est sans contredit l'énorme bloc
de fer natif que les Indiens de la juridic-
tion de Saint-Iago-del-Estero, découvrirent
en parcourant la province du Grand-Chaco-
Gualamba, dans l'Amérique méridionale,
sur la fin du siècle dernier.

On trouve l'histoire de sa découverte
dans les Transactions philosophiques de la
Société royale de Londres pour l'année
1788.

Cette découverte étoit d'autant plus singulière qu'on ne rencontre pas de montagnes de ce côté, et que dans une étendue
de cent lieues de circonférence, à peine
trouve-t-on une pierre. Ce fait paroissoit
cependant constant, et la couleur du métal
faisant présumer à quelques personnes que
ce pouvoit être de l'argent, elles s'y trans-
portèrent dans l'espoir de s'enrichir.

Le vice-roi del Rio-de-la-Plata, présu-
mant que cette masse enfouie dans la
terre et présentant trois verges du nord au

sud, deux verges et demie de l'est à l'ouest, et une demi - verge d'épaisseur „ pouvoit être la crête d'un filon important, résolut de l'envoyer examiner, et même d'établir une colonie dans le voisinage „ si son exploitation étoit avantageuse.

En conséquence don Michel-Rubin de Celis, fut chargé de cette mission, et partit bien accompagné de Rio-Salado, le 3 février 1783. Après avoir parcouru un espace de soixante-dix lieues et être arrivé aux 27° ou 28° de latitude sud, il trouva, le 15 février 1783, la masse objet de ses recherches, dans un lieu nommé Otumpa, où elle étoit à moitié enfouie dans un sol crayeux, au milieu d'une plaine de plus de cent lieues d'étendue „ sans qu'aucun bois et aucune eau aient pu permettre de supposer une exploitation ancienne au milieu de ce vaste désert inhabité et inhabitable. Elle étoit en grande partie enfouie dans de l'argile. Sa surface extérieure étoit très - compacte, mais en ayant enlevé quelques morceaux, Celis vit que son intérieur étoit plein de cavités „ comme si la masse entière avoit été originairement en état de liquidité. Il eut beaucoup de peine à en détacher vingt-cinq

ou trente morceaux, et mit pour y parvenir,
un grand nombre de ciseaux hors d'état
servir.

Ayant fait enlever la terre qui la couvroit,
il reconnut qu'au - dessous du niveau du
sol , la masse ferrugineuse étoit revêtue
d'une couche d'oxide , qui pouvoit avoir environ six pouces d'épaisseur, et que le reste
du sol étoit de l'argile.

Don Celis ayant cherché à reconnoître
l'origine de cette masse isolée au milieu
d'une plaine de cent lieues de circonférence,
sans eau ni pierre , vit qu'elle ne pouvoit
avoir été produite dans l'endroit où on l'avoit
rencontrée par aucune des opérations connues de la nature , et qu'elle n'avoit pu y
être apportée par les hommes : ce qui lui
fit présumer qu'elle avoit été lancée par une
explosion volcanique : opinion qui malgré
son invraisemblance , devoit prévaloir à cette
époque sur celle d'une origine extra - terrestre.

Don Celis reconnut encore dans les im-
menses forêts qui recouvrent d'autres parties
de ce pays , une autre masse ferrugineuse,
qui par sa figure approchoit de celle d'un
arbre ; il en enleva quelques morceaux , et il

présuma également que ce bloc singulier avoit aussi une origine volcanique.

La masse observée à Otumpa, parut devoir peser environ de cents quintaux (ou plus de mille trois cent soixante-trois myriagrammes ), en lui supposant une pesanteur spécifique un peu plus grande que celle du fer.

Proust en ayant examiné des morceaux, reconnut que le fer qui les formoit ressembloit assez à certain argent natif, pour lequel on l'a pris. Il est très-ductile, ne se rouille point comme le fer ordinaire, et se comporte à la lime à peu près comme lui.

Les directeurs du Musée britannique possédant quelques fragments de cette masse, qui avoient été envoyés par don Rubin de Celis lui-même, les confièrent pour en faire l'analyse, au savant Edward-Howard, qui reconnut qu'ils étoient formés de 90 de fer et 10 de nickel, et par là se trouva d'accord avec Proust relativement à ses principes constituants.

Le comte de Bournon voulant essayer les qualités de ce fer, reconnut, après l'avoir fait rougir, qu'il conservoit sa malléabilité dans cet état, comme le font les fers natifs de Bohême et du Sénégal, desquels nous allons parler, en observant aussi que la masse de fer décrite par don Celis est trouée, qu'elle offre des concavités et paroît avoir été dans un état de mollesse ou de chaleur suante, pendant lequel elle a reçu diverses impressions.

D'autres parties de l'Amérique renferment des masses de fer natif isolées, qui paroissent de même nature et de même origine que celle découverte à Otumpa. Ainsi le célèbre voyageur Humboldt rapporte qu'on trouve diverses masses de ce genre éparses dans les champs du Mexique. On en a observé près de Toluca, à Zacatécas, à Chaccas, et à Durango. Il en remit à Klaproth un fragment qu'il avoit détaché d'une de ces masses, trouvée à Durango en Mexico, au milieu d'une plaine très-étendue.

Ce fragment donna à l'analyse 96,75 de fer métallique, et 3,25 de nickel.

Une autre masse de fer malléable du même genre et du poids de quatre-vingt-dix-sept miryagrammes, fut trouvée par Sonneschmidt, dans la ville de Zacatécas, dans la nouvelle Espagne.

Nous venons de citer des masses de fer natif découvertes en Asie et en Amérique;

l'Afrique en renferme également; ainsi Smithson-Tennant, savant chimiste anglais, trouva dans une aérolithe de six pouces de long, sur quatre pouces et demi de large, et deux d'épaisseur, qui étoit tombée des nuages au Cap de Bonne-Espérance, dix parties de fer contre une de Nickel, unie en outre à un peu de graphite ou carbure de fer; et antérieurement à cette époque, le célèbre Adanson avoit visité dans le Sénégal des masses de fer natif que les Maures exploitent pour leur usage. Wallerius, qui en avoit vu quelques fragments, crut y reconnoître des formes cubiques, et indique ce fer, dans le II$^e$ volume de sa Minéralogie, sous le nom de *Ferreum nativum cubicum;* et il ajoute : *Reperitur ad Senegal in Africâ, ubi à Mauritanis plurima ab hoc ferro rudi conficiuntur vasa.*

Romé de l'Isle possédoit un échantillon de ce fer, qui, dit-il, ne s'étoit trouvé qu'en masses irrégulières plus ou moins considérables. Il a toutes les propriétés du fer forgé le plus dur, telles que la ductilité et la malléabilité, etc.; et à l'époque où il écrivoit son Catalogue, on supposoit généralement à ce fer une origine volcanique.

Depuis cette époque le savant Edward-
Howard eut occasion de l'examiner de nouveau, et soumettant à l'analyse chimique
un fragment de fer natif du Sénégal, rapporté par le général O-Hara, reconnut qu'il
étoit formé de o,94 à o,95 de fer unis à o,o5
ou o,o6 de nickel; ce qui lui prouva qu'il
étoit composé d'une manière analogue aux
autres masses de fer tombées de l'atmosphère, et à celles auxquelles on a présumé
une même origine. Au surplus on s'accorde
à croire que la masse de fer natif qui existe
sur les bords du Sénégal, est d'une grandeur
énorme. Si elle doit être regardée comme
une aérolithe, c'est certainement la plus
grande connue.

L'Europe renferme aussi des masses de
fer natif auxquelles on doit supposer la
même origine. On connoît non-seulement
dans ce cas, les aérolithes tombées du côté
d'Agram, mais encore le savant et ingénieux
Chladni a considéré comme analogue, une
masse de fer natif découverte en Saxe, et pesant 16 à 17 milliers (à peu près 8oo myriagrammes); laquelle se rapproche de la nature de l'acier anglais, qu'elle égale par ses
qualités. On la trouva il y a quelques années,

en creusant sous le pavé d'Aken , près de
Magdebourg.

La Collection de Berlin,intitulée *Berliner
Sammlang* , et le Journal de Wittemberg
pour l'année 1773 , contiennent l'histoire
de sa découverte, due à Lœber , médecin d'Aken, qui la trouva sous le pavé de
cette ville , et la fit déterrer. On en détacha
quelques fragments, qui ayant été forgés,
furent susceptibles de recevoir une trempe
et un poli comparable à celui des meilleurs
aciers anglais.

Cette masse étoit entourée d'une croûte
oxidée d'un demi pouce à un pouce d'épaisseur. Elle avoit à l'intérieur une texture
spongieuse ou réticulaire, semblable à celle
de la masse , dont une partie fut rapportée
de Sibérie par le docteur Pallas , mais les
fragments vus par Chladni dans le cabinet de
l'université de Wittemberg, ne renferment
aucune autre substance minérale dans leurs
cavités ; ce qui ne prouve point que la masse
principale n'en renferme pas, puisque l'un
des morceaux de celle de Sibérie , conservé dans la collection de Gréville ,
n'en renferme que fort peu , tandis que
l'autre en est totalement rempli.

Enfin on doit encore regarder comme d'origine extra-terrestre, une masse de fer natif trouvée en Bohême, qui est assez semblable à celle rapportée de Sibérie par Pallas, mais en diffère en ce que les globules vitreux qu'elle renferme y sont moins abondants et entièrement opaques.

Un échantillon de ce dernier fer natif fut donné par l'Académie de Freiberg, au baron de Born, et ayant passé avec toute sa collection dans le superbe cabinet de Gréville, fut décrit par Bournon, et analysé par Howard. Ce fer est à peu près aussi malléable et aussi aisé à couper que celui de Sibérie; sa pesanteur spécifique est de 6,146; il est à l'extérieur un peu oxidé et à l'intérieur rempli de petites cavités. Sa cassure présente le brillant et la blancheur argentée de la fonte blanche; mais son grain est beaucoup plus uni et plus fin, et il est bien plus malléable. Vingt-cinq grains de ce métal donnèrent à l'analyse environ un grain de matière terreuse insoluble dans l'acide nitrique, et au moyen de l'ammoniaque, donnèrent trente grains d'oxide de fer, qui, par approximation, contenoient cinq grains de nickel.

Il est probable que les recherches des savants feront connoître d'autres masses de fer natif isolées ; c'est ainsi que dernièrement le colonel Gibbs écrivoit à Gillet de Laumont, qu'un bloc de ce genre avoit été trouvé dans la Louisianne, proche de la Rivière rouge. Le même savant écrivit peu après au Conseil des mines , alors existant, qu'il avoit vu ce bloc à New-Yorck, où il avoit été transporté : il pèse environ trois mille livres et paroît à l'état natif. Ce fer est malléable et n'a pas l'air d'être sorti d'un fourneau , ainsi que sa masse l'indique assez ; Gibbs ajoute que son histoire n'est pas très-claire, et que l'on dit que ce fer se trouve en couches.

D'autres ont présumé qu'il étoit tombé du ciel, mais Warden n'adopte pas cette opinion.

Quoi qu'il en soit , voici la traduction d'un article relatif à ce fait, qui se trouve inséré dans le Journal de minéralogie américain, rédigé par A. Bruce, tome I$^{er}$, n° 2, page 124. Je dois rendre grâce ici au savant Patrin, bibliothécaire de la direction générale des mines, qui, sur l'invitation de Gillet de Laumont, a eu la complaisance de me donner la traduction suivante de cet article intéressant.

» Il y a maintenant en cette ville (New-
» Yorck) une masse de fer envoyée depuis
» peu de la nouvelle Orléans, par Johnson,
» qui par son volume et son poids excite
» grandement l'attention. Sa forme est irré-
» gulière, sa longueur est de trois pieds qua-
» tre pouces, et son plus grand diamètre en
» largeur est de deux pieds quatre pouces
» et demi ; son poids est d'environ trois
» milliers (*). Sa surface, qui est revêtue
» d'une croûte noire, est fort dentelée ( *in-*
» *dented* ), ce qui annonce que la masse
» a été dans un état de molesse. Les parties
» qui ont été dépouillées de la croûte noire
» et exposées à l'humidité, ont été promp-
» tement oxidées. La pesanteur spécifique
» de cette masse est de 7,400. Elle paroît
» uniquement composée de fer qui est très-
» malléable. D'après les expériences aux-
» quelles on l'a soumise, on n'y a découvert
» aucune trace de nickel ni d'autre métal.

» Cette masse a été trouvée, dit-on, près

_____

(*) D'après la gravure jointe au Journal, elle a la figure
d'une poire, avec des dépressions et des protubérances.

» de la Rivière rouge ; nous regrettons de
» ne pouvoir donner de renseignements sur
» son gisement et son origine, et de ne pou-
» voir dire si ce fer est natif, ou météori-
» que, ou le produit de l'art. Nous espé-
» rons que nos recherches nous mettront
» bientôt en état de dire quelque chose de
» plus positif sur un objet aussi intéressant. »

J'avoue qu'il me seroit difficile d'adopter ici aucune opinion sur l'origine de cette
masse, son isolement, son volume, et la
malléabilité du fer qui la forme, la rapproche de plusieurs masses probablement
tombées du ciel ; mais si l'absence du nickel est confirmée, il en résultera une différence qui semblera devoir l'en éloigner ;
je ne l'ai donc indiquée ici qu'avec doute,
et sans prétendre la regarder positivement
comme tombée du ciel.

Toutes ces masses de fer ne sauroient se
confondre avec le fer obtenu par les arts,
ni même avec certains échantillons très-
peu volumineux de fer natif trouvés dans
quelques mines des environs de Grenoble,
ou à Kamsdorf et à Eibenstock, en Saxe,
ainsi que dans plusieurs autres lieux, ces
derniers s'étant souvent trouvés adhérents

20*

à leurs gangues, ou portant l'empreinte des filons dont ils ont fait partie. Il n'en est pas de même des masses tombées de l'atmosphère, ou considérées comme telles; elles se distinguent des autres par des caractères très-tranchés.

Elles sont spongieuses, formées d'un tissu ferrugineux, dans lequel le fer se trouve uni au nickel, et renfermant ordinairement des grains terreux, dont la composition est analogue à celle de la portion terreuse des pierres tombées du ciel. Outre ces caractères qui tiennent à leur essence, elles se font encore remarquer par leur isolement, leur forme irrégulièrement arrondie, et les traces de la fusion, qui sont restées empreintes à leur surface toutes les fois qu'elles n'en ont point été effacées par quelques causes subséquentes, telles que l'oxidation ou le choc de quelque corps dur.

Nous pensons donc comme Chladni, qu'on doit attribuer la même origine aux pierres dont les chûtes ont été constatées, et aux masses de fer natif découvertes en Sibérie, à Aken, à Otumpa, et ailleurs; mais nous ne saurions admettre avec ce savant, que toutes ces substances doivent leur origine

à de petits corps célestes particuliers exis-
tants dans l'espace. Cette opinion ingénieuse
devoit sans doute, à l'époque où il l'a émise,
prévaloir sur toutes celles proposées jusqu'à
lui, pour expliquer la formation des bolides,
et elle pourroit encore être admise par ceux
qui persisteroient à supposer que les pierres
tombées sont des résultats essentiels des explosions des globes de feu connus sous le nom de
bolides, et observés à tant de fois différentes
dans toutes les parties du monde ; mais
elle ne me paroît plus soutenable depuis
qu'il est démontré que toutes les chûtes de
pierres n'ont pas toujours été accompagnées
ou précédées de l'apparition d'un globe lumineux, et surtout depuis que par l'examen
des pierres tombées à Weston et à Charsonville, je me suis convaincu que ces substances avoient été formées à la manière des
roches, en plusieurs époques différentes,
et qu'elles n'avoient pas été liquéfiées dans
leur totalité postérieurement à leur formation, mais que seulement elles ont été scori-
fiées à leur surface depuis cette époque et
pendant celle de leur chûte.

J'ose donc regarder comme désormais
insoutenables les systêmes dans lesquels on

confondra comme identiques le phénomène de l'apparition des bolides et celui de la chûte de diverses masses que l'on reconnoît comme tombées sur la terre, et par cette raison je ne répèterai point les réfutations des diverses opinions sur la formation des bolides déjà émises par Chladni, attendu d'ailleurs que tout le monde peut les lire dans son excellent Mémoire, dont la traduction se trouve insérée au tome XV du Journal des mines.

Je me contenterai seulement de donner ici le précis des diverses suppositions proposées pour l'explication des chûtes de pierres, en observant que toutes présentent des difficultés insurmontables, parce qu'elles ont été faites, d'après un trop petit nombre de faits, ou d'après des faits dont les détails n'étoient pas tous également bien constatés.

Sans énumérer tous les auteurs qui ont prétendu former des systêmes explicatifs, je vais, afin d'abréger mes réfutations, les classer de la manière suivante :

1° Opinion de ceux qui ont supposé aux pierres tombées une origine terrestre ;

2° Opinion de ceux qui ont supposé aux pierres tombées une origine aérienne ;

3º Opinion de ceux qui ont supposé aux pierres tombées une origine céleste.

Parmi ceux qui ont pensé que les pierres tombées avoient une origine terrestre , les uns ont cru que ces substances préexistoient dans les lieux dans lesquels on les a trouvées , et qu'elles avoient été altérées par la foudre. Cette opinion qui fut celle des membres de l'Académie royale des sciences pendant le milieu et même la fin du siècle dernier, est maintenant insoutenable depuis que l'analyse chimique et l'examen minéralogique ont démontré que les pierres tombées étoient essentiellement différentes de tous les minéraux connus et de tous ceux qui les environnoient, quoique cependant on trouvât entr'elles la plus grande analogie , dans quelque lieu qu'elles fussent tombées, et nonobstant la nature du sol sur lequel elles se rencontrèrent.

L'opinion de quelques autres fut que ces pierres avoient une origine volcanique ; ce que leur nature et leur différence avec tous les produits volcaniques connus, ne peuvent permettre de concevoir, surtout quand on fait attention qu'elles sont presque toutes tombées à des distances énormes des volcans en activité.

L'opinion de ceux qui ont présumé que la terre en certaines circonstances pouvoit s'entr'ouvrir pour les lancer, ne sauroit être étayée sur aucune observation bien constatée ; et d'ailleurs si en certains pays la terre pouvoit produire un pareil phénomène, comment admettre qu'elle pourroit le produire dans tous, sans que jamais aucunes traces n'attestassent la place qu'eût occupé le petit volcan momentané, supposé par plusieurs auteurs, faute de réflexions et d'observations suffisantes.

Si comme quelques-uns on admettoit la supposition que ces substances peuvent avoir été lancées des régions polaires, pourroit-on raisonnablement admettre qu'elles seroient tombées dans toutes les directions sur tant de pays différents et à des distances aussi grandes des pôles?

Quelques autres ont en vain proposé des trombes comme pouvant servir à expliquer le phénomène dont nous nous occupons ; mais outre que les trombes n'existent que dans les plaines très-étendues, si elles étoient capables d'enlever des corps aussi pesants et de les porter à des distances aussi considérables, pourquoi ces corps seroient-ils toujours de même nature dans tous les pays, et toujours différents des minéraux connus et de ceux environnants ?

Les opinions de ceux qui ont donné aux pierres tombées une origine terrestre, sont donc insoutenables ; celles de ceux qui ont prétendu qu'elles étoient produites dans l'atmosphère ne sont guère plus admissibles ; car les uns ont supposé pour étayer leur opinion, que les substances qui forment les pierres tombées, avoient été dissoutes dans l'air à l'état gazeux , ou enlevées en poudre très-fine , ou enfin qu'elles s'étoient formées instantanément par la réunion des éléments qui les composent : mais comment dans tous ces cas expliquer la texture grenue de ces pierres ? Et si même on pouvoit, comme Izarn , supposer que les grains qui forment les pierres tombées , se sont aggrégés et massés sphériquement après leur formation , comment pourroit-on expliquer les veines qui se trouvent dans quelques-unes de ces masses , et les grains renfermés dans le tissu spongieux de certains fers natifs, dont plusieurs sont certainement tombés sur la terre ?

Dans toutes ces diverses hypothèses on est d'ailleurs obligé de supposer que le fer, le

carbone, la silice, la mangnésie, etc., ont
pu être réduits à l'état gazeux, et s'y main-
tenir à la température habituelle de l'atmosphère, ce qui ne paroît pas probable dans
l'état actuel de nos connoissances chimiques,
quoique cependant on ne puisse pas en nier
la possibilité. Il me paroîtroit donc téméraire de donner cette supposition comme
une chose probable. Peut-être les belles expériences galvaniques, qui ont dans ces
derniers temps fait connoître tant de faits
nouveaux, et reculé si loin le domaine de
la science, rendront-elles par la suite cette
supposition admissible : mais il me semble
que même dans ce temps la nature minéralogique des masses tombées , s'opposera
toujours à l'opinion de ceux qui les feront
naître dans l'atmosphère.

Quelles seroient d'ailleurs les observations sur lesquelles reposeroient dans ce
moment ces systêmes ? Ceux qui croyent
que l'électricité a pu concourir à la formation des pierres tombées, s'appuieroient
en vain sur quelques coups de tonnerre et
sur des phénomènes électriques qui ne se
sont pas manifestés constamment , car il
paroît certain que souvent il y a eu des

chûtes de pierres sans apparition de globe
de feu : il est donc probable que les traces
lumineuses qui se sont quelquefois mani-
festées, ont eu lieu dans les temps où le
ciel, plus couvert de nuages, renfermoit
plus de matière électrique, ou simplement
par l'embrâsement des molécules ferrugineuses, qui, se trouvant à la surface des
pierres, étoient les plus exposées à l'action
de l'oxigène atmosphérique.

Il ne paroît pas davantage que l'on puisse
supposer aucune connexion entre le phénomène de la chûte des pierres et celui des
aurores boréales; car, très-souvent, ce dernier phénomène n'a pas accompagné, précédé ou suivi le premier; et, d'ailleurs, les
pierres tombées arrivent indifféremment
dans toutes les directions.

Il ne reste donc plus d'opinions à examiner, que celles de ceux qui ont supposé
aux pierres tombées une origine céleste :
quelqu'extraordinaires qu'elles puissent nous
paroître, elles sont cependant les moins
improbables; elles me semblent même devoir être provisoirement admises avec d'autant plus de raisons, que nos connaissances

minéralogiques, physiques et chimiques ne s'opposent en rien à cette manière d'expliquer la chûte des aérolithes.

La plus ancienne des opinions de ceux qui ont donné aux aérolithes une origine céleste, est celle émise par Chladni pour exprimer la formation des bolides. Une excellente traduction de l'ouvrage qui la renferme se trouve insérée dans le tome 15 du Journal des Mines.

Ce célébre auteur présume qu'il existe dans l'espace, outre les corps célestes que nous connoissons, de petites masses de matière grossière qui s'y trouvent isolées comme les autres corps célestes, et qui continuent à se mouvoir dans l'immensité de l'espace, jusqu'à ce qu'elles arrivent assez près d'un autre corps céleste pour en être attirées et tomber sur lui : et dans cette supposition, les bolides et les aérolithes ne sont que les résultats de la chûte de ces petites masses célestes sur le globe terrestre.

L'hypothése émise par M. de Laplace, et insérée au numéro 66 du Bulletin de la Société philomatique, a beaucoup de rapport avec celle-ci; car ce célèbre auteur a supposé que les corps lancés de la lune peuvent parvenir directement ou indirectement à dépasser le point où les attractions de la terre et de la lune sont en équilibre, en sorte que s'approchant de la terre ils peuvent tomber sur elle.

Cette ingénieuse hypothèse a été démontrée possible par le calcul, en sorte qu'il est devenu évident qu'un corps lancé de la lune dans la direction du centre de cette planète, au centre de la terre, avec une vitesse de plus de 2314 ou même de 2147 mètres par seconde, ne retomberoit pas sur la lune, mais se précipiteroit sur la terre. Cette vitesse est environ cinq fois plus grande que celle qu'une pièce de vingt-quatre chargée avec douze livres de poudre, imprime à un boulet de son calibre.

Dans les premiers calculs on fit abstraction du mouvement de la terre et de la lune pendant la chûte du corps, et on supposa que la vitesse initiale étoit donnée suivant la ligne qui joint les deux centres; mais les calculs insérés au Bulletin de la Société philomatique, n° 71, ont aussi démontré que des corps lancés directement de la lune supposée en mouvement, ainsi que la terre, avec une vîtesse de 2314 mètres par seconde, mettroient environ deux jours et demi à tomber sur la surface de la terre, et que leur vîtesse, en arrivant, serait d'environ 9603 mètres par seconde, en faisant abstraction de la résistance de l'air.

Or, comme la hauteur de l'atmosphére peut être considérée comme très-petite, par rapport au rayon terrestre, cette vîtesse seroit à-peu-prés égale à celle que le même corps auroit en entrant dans cette atmosphère; mais alors l'air agissant sur lui par sa résistance qui croît dans une proportion beaucoup plus grande que la vîtesse, diminueroit bientôt la rapidité de ce mouvement qui deviendroit sensiblement uniforme, comme l'est celui des corps qui tombent dans un fluide résistant, et dont la profondeur est considérable.

Depuis cette époque, M. Poisson a examiné le cas où un corps seroit lancé de la lune dans une direction oblique à la droite qui joint les centres de la terre et de la lune, en sorte qu'il est maintenant évident qu'un corps lancé de la lune peut l'être de façon à tomber sur tous les points de la surface de la terre indistinctement.

Cette hypothèse étoit encore plus probable, lorsque les astronomes se fondant sur les observations faites par Herschel, crurent qu'il y avait des volcans en activité à la surface de la lune; mais plusieurs physiciens célèbres, au nombre desquels se trouve M. Arago, ont nié cette assertion, qui, pour être vraie, sembleroit devoir exiger l'existence d'une atmosphère lunaire, ce qui se trouve démenti par les occultations des étoiles qui démontrent que cette atmosphère n'existe pas, ou au moins qu'elle n'a pas une densité sensible.

C'est dans ces circonstances que M. de Lagrange a appliqué ses savans calculs à l'ingénieuse hypothèse proposée par M. Olbers, pour expliquer les phénomènes de la petitesse des quatre nouvelles planètes, et de l'égalité ou presqu'égalité de leur distance au soleil; elle consiste à supposer que ces planètes ne sont que des fragmens d'une plus grosse planète qui faisoit sa révolution à la même distance du soleil, et qu'une cause extraordinaire a fait éclater en diffé-

rents morceaux qui ont continué à se mouvoir autour du soleil, à-peu-près à la même
distance et avec des vitesses presqu'égales,
mais dans des inclinaisons différentes.

Il est possible de supposer dans cette hypothèse que des morceaux ayant été détachés et lancés au loin, soient devenus
des aérolithes qui, en éclatant de nouveau,
auront pu tomber sur la terre; mais il me
semble difficile d'admettre avec M. de Lagrange que les aérolithes peuvent tirer leur
première origine des volcans de la terre;
car, à la surface du globe, nous ne connais-
sons aucun minéral qui soit analogue aux
pierres tombées sur la terre; et d'ailleurs
toutes les aérolithes jouissent de caractères
communs.

On voit que les trois systémes de Chladni,
de de Laplace et de de Lagrange, ont une
grande analogie entr'eux, en ce qu'ils supposent tous trois que les aérolithes sont de
petits corps célestes, qui, après s'être mus
dans l'espace, se sont assez rapprochés de la
terre pour être attirés à sa surface. Ces systèmes ne diffèrent entr'eux que parce que
Chladni a supposé que ces petits corps étoient

les débris de plus grands corps célestes qui se seroient détruits. De Laplace a pensé que ces corps pouvoient avoir été détachés de la lune; et de Lagrange a enfin présumé qu'ils ont pu être détachés de la terre elle-même, lancés au loin, et ensuite devenir des aéro- lithes en roulant autour de la terre, et en éclatant de nouveau au moment de leur chûte.

Je suis loin de regarder ces hypothèses comme des vérités certaines; mais cependant elles ne me paroissent pas inadmissibles; il me paraît même démontré que les aérolithes ont été des petits corps célestes, et cette dé- monstration deviendra presqu'évidente pour ceux qui admettront qu'il peut exister à la surface de la lune ou d'une autre planète, une cause capable de lancer des corps avec une force de projection égale à celle que leur impriment nos volcans, ou à celle que né- cessitent les systêmes que nous venons d'in- diquer.

Je ne m'étendrai pas davantage sur l'exa- men des opinions émises pour l'explication du phénomène dont je me suis occupé ici, je ne pourrois que répéter ce que d'autres auteurs ont écrit avant moi; je ne saurois donc mieux faire que de renvoyer aux excellents ouvrages publiés par King, Chladni et Izarn, *ex professo*, sur cette matière.

En admettant dans cet ouvrage que les aérolithes ont parcouru l'espace à la manière des corps célestes, leur origine ne m'en semble pas moins inexplicable, et aucune des théories proposées jusqu'à ce jour ne me paroît complètement satifaisante. Ainsi, en rendant à leurs savants auteurs la justice qui leur est due, j'ose croire que si quelqu'un les a regardées comme concluantes, il a agi avec trop de précipitation.

Je classe donc ce phénoméne parmi ceux dont vraisemblablement les causes premières nous seront toujours inconnues; car, puisque des membres célèbres de la classe des Sciences physique et mathématique de l'Institut, tels que de Laplace, de Lagrange, Haüy et Vauquelin, se sont occupés de l'expliquer sans obtenir un succés complet; il ne nous est guére permis d'espérer que quelque jour ses causes nous soient plus connues. Si donc,

donc, dans toute autre circonstance , j'eusse été tenté d'émettre une nouvelle opinion ; dans celle-ci, je ne crois pas devoir me le permettre , étant convaincu qu'il seroit téméraire à moi d'entreprendre de remplir une tâche, que les savants les plus célèbres n'ont encore osé s'imposer que pour donner des preuves de la possibilité physique de ce phénomène, et non pour l'expliquer complètement. Je terminerai cet ouvrage par les conclusions suivantes.

1º Le phénomène de la chûte des pierres est incontestable.

2º Toutes les pierres tombées de l'atmosphère qui sont formées des mêmes éléments, et présentent le même mode d'agrégation , sont de même origine.

3º Tous les récits bien avérés démontrent que, quoique chaudes, les aréolithes sont cependant solides dans le moment de leur chûte.

4º La chûte de plusieurs masses de fer métallique paroît constatée , et il est probable que toutes les masses de même nature qui se sont trouvées disséminées à la surface de la terre, sont de même origine qu'elles.

5° Le phénomène de la chûte des pierres s'est manifesté dans tous les temps et dans tous les pays qui conservent des Annales écrites ; et il a eu lieu sous un grand nombre de latitudes différentes.

6° Il a eu lieu dans les pays de montagnes comme dans ceux de plaine , et est indépendant des éruptions volcaniques.

7° Les pierres tombées sont d'une nature différente de toutes celles que nous connoissons à la surface du globe terrestre , et n'ont aucun rapport direct avec la foudre, dont l'action ne peut les former sur place, en dénaturant les pierres qui en sont frappées.

8° Quelquefois ce phénomène a été accompagné de lumière , mais les récits ne s'accordent pas sur cette circonstance relativement aux diverses chûtes observées.

9° Il est constant qu'un grand nombre de chûtes de pierres ont eu lieu, sans que les témoins de ces chûtes aient aperçu rien de lumineux, qui les ait précédées, accompagnées, ou suivies.

10° On peut regarder comme constant que plusieurs fois différentes, loin du lieu de l'explosion, il a été vu par des témoins dignes de foi, un corps lumineux qui avoit paru, à l'heure de la chûte, du côté où l'explosion avoit eu lieu, et que cette apparition avoit précédé le bruit qui s'étoit fait entendre dans los mêmes lieux.

11° Il paroît également constant que toutes les fois que des chûtes de pierres ont eu lieu pendant la nuit, elles ont été accompagnées de lumière visible dans l'endroit même de la chûte.

12° Quand les chûtes ont eu lieu en plein jour, rarement quelque chose de lumineux a été vu dans l'endroit de la chûte, lors même que loin de là un globe lumineux avoit paru de ce côté.

13° On peut cependant présumer par l'analogie, que toutes les chûtes de pierres sont précédées par l'apparition d'un corps lumineux, dont la direction est plus ou moins verticale, et qui par cette raison doit rarement être aperçu par ceux des habitants qui se trouvent au lieu de la chûte, quoique la nuit sa lumière s'y fasse remarquer.

14° Le corps lumineux ne peut être observé en plein jour que par un petit nombre de témoins, car il ne peut être vu que de loin, puisqu'on ne regarde ordinairement

que dans une direction oblique ou horizontale ; et d'ailleurs le bruit de l'explosion tar-
dant d'autant plus à se faire entendre et
étant d'autant plus foible qu'il est plus
éloigné, ne peut attirer l'attention de ce
côté qu'après l'apparition de la lumière.

15° Une prompte oxidation de la superficie des corps tombés, peut-être occasionnée par l'électricité de l'atmosphère, a pu
suffire pour causer cette apparition de lumière plus sensible pendant la nuit, sans
pour cela qu'il soit besoin de recourir à
une combinaison de tous les éléments sup-
posés à l'état gazeux ; ce que nos connoissances actuelles ne nous permettent pas
de regarder comme possible.

16° Toutes les chûtes de pierres qui paroissent bien constatées, ont été accompagnées d'une explosion plus ou moins
bruyante, qui a été entendue non - seulement sur le lieu de la chûte mais encore à
une grande distance.

17° La chûte des pierres a souvent eu
lieu sans pluie, sans aucun nuage apparent,
par un temps calme et serein, et aux diverses heures du jour et de la nuit, ainsi
que dans les diverses saisons de l'année.

18º Aucun récit bien avéré, ne démontre que les chûtes de pierres aient été précédées quelque temps avant, par aucun autre phénomène qui puisse leur servir de présage, les écrits des anciens et des modernes ne présentant rien de constant à cet égard.

19º Le lieu où se fait l'explosion qui accompagne les chûtes de pierres, est très-élevé dans l'atmosphère, puisque le bruit ne se fait entendre que plusieurs minutes après leur chûte, et presqu'aussi fortement, assez loin de l'endroit où elles tombent, que dans le lieu même.

20º Les pierres tombées ont éprouvé après leur formation, l'effet d'une cause quelconque, qui a oxidé et fondu leur surface, arrondi leurs angles, et échauffé toute la masse, sans cependant avoir agi assez longuement pour altérer l'agrégation de l'intérieur de la pierre d'une manière sensible.

21º La croûte étant très-mince, l'action de la cause qui l'a produite a été très-vive, mais momentanée : une violente commotion électrique au milieu de l'air atmosphérique, paroît susceptible de produire un effet analogue.

22° La direction ordinairement verticale des masses qui tombent du ciel, l'oxidation de leur superficie, la nature de leurs éléments, et encore plus le mode de leur agrégation, tendent à démontrer leur origine extra-atmosphérique, comme leur nature et les phénomènes qui accompagnent leur chûte, démontrent leur origine extra-terrestre.

# PREMIER APPENDICE.

## Catalogue chronologique des Chûtes de Pierres

### CHUTES DÉTERMINÉES.

1451. Av. J. C. Pluie de Pierres à Gabaon : *Moïse.*

—— Pierre adorée sous le nom de Mère des Dieux, de Cybèle, d'Élagabale et de Jupiter-Ammon.

—— Pierres conservées à Delphes : *Pline.*

654. Pluies de pierres sur le mont Albain : *T.-Live.*

644. Pierres tombées en Chine : *de Guigne.*

520. Pierre tombée en Crète : *dom Calmet.*

467. Pierres tombées en Thrace, à Cassandrie, à Abydos : *Pline.*

461. Pierre tombée près d'Ancône : *Valère-Max.*

343. Pluie de pierres près de Rome : *Jul. Obseq.*

211, 192 et 89. Pierres tombées en Chine : *de Guig.*

52. Pluie de fer en Lucanie : *Pline.*

46. Pluie de pierres à Acilla : *César.*

38. Pierres tombées en Chine : *de Guigne.*

29. Pierres tombées à Pô en Chine : *idem.*

29. Pierres tombées à Tchin-Tong-Fou : *idem.*

22 et 19. Pierres tombées en Chine : *idem.*

15. Étoile tombant en forme de pluie : *de Guigne.*

12. Pierre tombée à Toukouan : *idem.*

9. Autre tombée en Chine : *idem.*

6. Pierre tombée à Ning-Tcheou : *idem.*

6. Autres tombées à Yu : *idem.*

——— Pierre vue dans le pays des Vocontins : *Pline.*

452. D. J. C. Pierres tombées en Thrace : *A. Marc.*

6.° siècle. Pierre tombée sur le mont Liban : *Photius.*

742. Pluie de poussière près Edesse : *Quatremère.*

823. Pluie de pierres en Saxe : *B. de S. Amable.*

852. Pierre tombée dans le Tebarestan : *Quatremère.*

898 à 899. Pierre tombée à Ahmed-Dad : *idem.*

930 à 931. Sable rouge tombé près Bagdad : *idem.*

965 à 971. Pierre tombée en Italie : *Platine.*

——— Pierre tombée à Lurgea, à Cordova : *Avicenne.*

——— Masse de fer tombée dans le Djordjan : *idem.*

998. Pierres tombées près Magdebourg : *Spangenb.*

1071. Boules de terres tombées dans l'Irak : *Quatrem.*

1136. Pierre tombée à Oldisleben : *Spangenberg.*

1164. Fer tombé en Misnie : *Georg. Fabric.*

1198. Pierres tombées près Paris : *Henri Sauval.*

1249. Pierres tombées près de Quedlimbourg : *Spang.*

1304. Pierres tombées à Friedberg : *idem.*

1305. Pierres tomb. au sol des Vandales : *B. de S. Am.*

1323. Pierres tombées dans les provinces de Mortahiah et Dakhahiah : *Quatremère.*

1438. Pierres spongieuses tombées à Roa : *Proust.*

1492. Pierre tombée à Ensisheim : *Barthold.*

1496. Pierres tombées près Cezena : *Sabellicus.*

1510. Pierres tombées près Crema : *Cardan.*

——— Pierres tombées dans la Nouv. Espag. : *Merc.*

——— Pierres tombées près de Neuhof : *Alb. Mesn.*

1540. Pierres tombées dans le Limosin : *B. de S. Am.*

De 1540 à 1550. Pluie de fer en Piémont : *Morvati.*

1548. Masse tombée à Mansfeld : *Spangenberg.*

1552. Pluie de pierres près Schleusingen : *idem.*

1559. Pierres tombées à Miskoz : *Nic. Ysthuàhhi.*

1561. Pierres tombées à Torgas , près la cit. Julia et
      à Seplitz : *Boëce de Boot.*

1564. Pierres tomb. entre Malines et Brux. : *Gilbert.*

1581. Pierre tombée en Thuringe : *Chr. de Thur.*

1583. Pierres tombées à Castrovillari : *Mercati.*

1583. Pierre tombée en Piémont : *idem.*

1585. Pierre tombée en Italie : *Imperati.*

1591. Pierre tombée à Kunersdorf : *Angelus.*

1603. Pierre tombée dans le royaume de Valence :
      *Jésuites de Coïmbra.*

1620. Fer tombé dans le Mogol : *d'Gehan-Guir.*

1627. Pierre tombée en Provence : *Gassendi.*

1635. Pierre tombée à Vago : *F. Carli.*

1636. Pierre tombée entre Sagau et Dubrow : *Lucas.*

1647. Pierre tombée à Stolzenau : *Gilbert.*

1647 à 1654. Pierre tombée en mer : *Malte-Brun.*

1650. Pierre tombée à Dordrecht : *Arnold-Sanguerd.*

1654. Pluie de pierres en Fionie : *Bartholin.*

———. Pierre tombée près Copinsha : *James Vallace.*

1667. Pierre tombée à Schiras : *Ohladni.*

1672. Pierres tombées à Véronne : *De Gallois.*

1674. Pierre tombée près Glarus : *Scheuchzer.*

1677. Pierres tombées près d'Ermensdorf : *Balduinus.*

1680. Pierres tombées à Londres : *Ed. King.*

1697. Pierres tombées à Pentolina : *soc. philom.*

1698. Masse tombée à Waltring : *Scheuchzer.*

1706. Pierre tombée à Larisse : *Paul Lucas.*

1723. Pierres tombées à Plescowitz : *Stepling.*

1751. Chûte de métal fondu à Lessay : *dom Halley.*

1738. Pluie de Pierres près Champfort : *Castillon.*

1743. Pierres tombées près Liboschitz : *Stepling.*

1750. Pierre tombée à Nicorps : *de la Lande.*

1751. Fer tombé à Hraschina : *consistoire d'Agram.*

1753. Pierres tombées à Plaw : *Stepling* et *de Born.*

1753. Pierres tombées à Liponas : *de la Lande.*

1766. Pierres tombées à Alboretto : *Vassali.*

1766. Pierre tombée près la Novellara : *Chladni.*

1768. Pierre tombée à Lucé : *Bachelay.*

—— Pierre tombée à Aire : *Gurson de Boyaval.*

—— Pierre tombée en Normandie : *Morand fils.*

1768. Pierre tombée près de Maurkirchen : *Imhof.*

1773. Pierre tombée à Sena, en Arragon : *Proust.*

1775. Pierre tombée près Rodach : *Gilbert.*

1776 *ou* 1777. Chûte de pierres près Fabriano : *Chladni.*

1779. Pierres tombées à Petriswood : *idem.*

1785. Pierres tombées près d'Aichtat : *de Moll.*

1790. Pierres tombées dans les Landes : *Baudin.*

1791. Pierres tombées à Castel-Berardenga : *soc. phil.*

1791. Pierres tombées près Ménabilly : *Ed. King.*

1794. Pierres tombées à Sienne : *Wil. Hamilton.* -

1795. Pierre tombée dans le Yorck-Shire : *Topham.*

1796. Pierre tombée en Portugal : *Southey.*

1798. Pierres tombées à Sale : *de Drée.*

—— Pierre tombée à Bialoczer-Kew : *Chladni.*

1798. Pierres tombées à Benarès : *Ed. Howard.*

1803. Pierres tombées à l'Aigle : *Biot.*

1803. Pierre tombée à Saurette : *Laugier.*

1803. Chûte de pierres à Eggenfeld : *Woigt.*

1804. Pierres tombées près Glascow : *Ann. de Gilb.*

1805. Pierres tombées prés Doroninsk : *Chladni.*

1805. Pierres tombées dans Constantinople : *Hair-Kougas-Ingisian.*

1806. Pierres tombées près Alais : *Pagès.*

1807. Pierre tombée à Juchnow : *Klaproth.*

1807 Chûte de pierres à Weston : *Silliman.*

1808. Pierres tombées à Borgo-San-Donino : *Guidotti.*

1808. Pierres tombées près Staunern : *Klaproth.*

1808. Pierres tombées près Lissa : *idem.*

1809. Chûte de pierres en Amérique : *Gaz. de France.*

1810. Pierres tombées près Charsonville : *Pellieux.*

1811. Chûte de pierres près Pultawa : *Gaz. de France.*

1811. Chûte de pierres à Berlanguillas : *idem.*

1812. Chûte près Toulouse : *Moniteur.*

1812. Pierres tombées près Helmstaedt : *Gaz. de Fr.*

## CHUTES INDÉTERMINÉES.

Fer tombé, cité par *Scaliger.*

Pierre tombée, renfermée dans la collect. de *de Drée.*

Masse de fer natif, vue en Sibérie par *Pallas.*

Masse de fer à Oumpa, vue par *Rubin de Celis.*

Autre masse de fer, vue en Amérique, *idem.*

Fer natif, vu dans le Mexique, par *Humboldt.*

Fer natif de Durango et de Zucatecas, *idem.*

Fer natif du Tucuman.

Fer natif tombé au cap de Bon.-Esp. : *Smit. Tennant.*

Fer natif du Sénégal, vu par *Adanson.*

Fer natif, trouvé à Aken, par *Lœber.*

Fer natif de Bohême, cité par *de Born.*

Fer natif de la Louisiane : *Bruce.*

# SECOND APPENDICE.

## *Description comparative de quelques pierres tombées du ciel.*

AFIN de faciliter la comparaison entre les pierres tombées du ciel à différentes époques, j'ai cru devoir joindre ici la note caractéristique de chacune de celles que j'ai été à même d'examiner par moi-même. Je n'ai point la prétention de redonner de chacune d'elles des descriptions complètes, qui ne seroient que des répétitions de celles qui se trouvent dans le corps même de mon ouvrage ; mais j'ai cherché à faire connoître les principales différences que présentent entr'eux les divers aspects de quelques pierres tombées.

Parmi toutes ces pierres, celles dont l'agrégation est la plus homogène, sont celles tombées à Charsonville en 1810 : leur teinte est claire ; elles sont dures et tenaces, et se distinguent des autres par le grand et les petits filons noirs qui les traversent.

Les pierres tombées à Borgo-San-Donino, en 1808, semblent s'en rapprocher beaucoup, mais en diffèrent par l'absence des filons noirs.

Les pierres tombées à Berlanguillas, en 1811, paroissent de la même dureté que celles de Charsonville et de l'Aigle; mais comme celle que j'ai vue n'est pas cassée, je ne puis rien dire de leur aspect intérieur.

Les pierres tombées à l'Aigle, en 1803, diffèrent de celles tombées à Charsonville, parce que, quoique leur cassure soit aussi compacte , et qu'elles offrent presque le même degré de dureté , elles présentent à l'intérieur des taches d'un gris plus foncé que le reste de la masse, et que , dans quelques échantillons , ces taches irrégulières occupent presque autant d'espace , que les parties d'une teinte plus claire en occupent elles-mêmes : on pourroit même dire que la pâte de ces pierres présente un mode d'agrégation semblable à celle des variolithes.

Les pierres tombées à Weston, en 1807, se distinguent des autres par leur moindre tenacité jointe à l'agrégation très-distincte des élémens minéralogiques qui les composent, et surtout par la grande étendue des taches d'un gris plus foncé, qui souvent semblent enclaver celles d'une teinte plus claire.

La pierre d'origine inconnue, renfermée dans le musée de de Dré, a un grand rapport avec les pierres tombées à l'Aigle, en 1803. Elle pèse environ 3 kilogrammes; elle est dure, à cassure très-raboteuse et très-irrégulière; elle paroît comme formée du mélange de deux pâtes, l'une d'un gris clair, l'autre d'un gris plus foncé; elle renferme quelques noyaux globuleux de couleur grise et présente des taches brunes dues à l'oxidation des grains de fer; enfin elle est médiocrement dure et tenace. Je présume qu'elle peut être l'une de celles tombées à Liponas, en 1753, ce qui paroît probable à M. Léman, tant à cause de la manière dont elle est parvenue à M. de Drée, que par son volume et ses autres caractères.

Les pierres tombées à Sienne en, 1794, sont au contraire d'un gris clair, très-dures, lourdes, et compactes; mais elles renferment de petits noyaux d'un gris plus foncé et de forme irrégulière.

La pierre tombée près Maurkirchen, en 1768, est d'un gris très-clair, grenue, peu dure, renfermant de petits globules gris plus foncé, des grains de fer natif bien reconnoissables, et quelques grains oxidés brunâtres.

La pierre tombée à Lucé, en 1768, est facile à reconnoître à cause de sa teinte uniforme très-claire; elle est assez compacte à grains fins, et ne présente aucun filon.

La pierre tombée, en 1795, dans Yorck-Shire, est, comme la précédente, d'une teinte uniforme très-claire ; mais elle est peu dure et semblable à un grès peu tenace, à grains fins et irréguliers.

Les pierres tombées à Aichstat en 1785, sont friables comme la précédente, d'un gris assez clair, d'une teinte uniforme, à grains grossiers, et renferment, dans leur masse, une multitude de grains arrondis, irréguliers, d'un gris plus foncé; elles renferment aussi beaucoup de grains métalliques fort petits, irrégulièrement arrondis, et, comme dans la plupart des autres, visibles à l'aide de la loupe.

Les pierres tombées à Bénarès, en 1798, forment un agrégat d'un gris très-clair, peu dur et peu tenace, résultant de l'assemblage de petits grains; elles imitent, par leur aspect, un grès de houillère. On y observe des grains plus gros et arrondis, dont quelques-uns, ressemblent à de petits cailloux roulés, de gneis peu dur et légèrement schisteux.

La pierre tombée à Sales, en 1798, est d'un gris blanchâtre, plus dure et plus tenace que la précédente; elle est grenue, à grains fins; sa masse est d'une teinte uniforme, renfermant de petits grains d'un gris foncé, et beaucoup de grains ferrugineux assez gros.

Les pierres tombées près Barbotan, en 1790, sont d'un gris foncé, dures, compactes, à grains assez fins, présentant des fractures brillantes d'un gris métallique, et renfermant de très-petits globules.

La pierre que l'on a dit tombée près de Bordeaux en 1789, diffère, par sa cassure, de la précédente; elle est, dans quelques parties, d'un noir métallique assez brillant, et présente des taches d'oxide de fer; elle est pesante, dure, compacte, très-oxidée à l'extérieur et à l'intérieur. Quelques fragments intérieurs moins oxidés offrent une grande ressemblance avec les pierres tombées à Barbotan, en sorte qu'on peut présumer que la pierre dite tombée près Bordeaux, est une de celles tombées près Barbotan, qui

aura

aura été très-oxidée par un séjour prolongé dans un endroit humide.

L'une des pierres tombées les plus remarquables, est celle dont la chûte eut lieu à Ensisheim, en 1492. Elle est compacte, d'un gris foncé, avec quelques petites taches arrondies et environnantes, d'un gris plus clair, eu sorte que sa cassure présente un aspect un peu truité ; elle renferme des pyrites jaunes assez grosses, des parties ferrugineuses grises, et des taches oxidées. Cette pierre est dure et tenace, sa cassure est irrégulière et comme schisteuse ; elle offre par place, des parties d'apparence terreuse et mattes, et d'autres qui se trouvant dans le sens des fissures naturelles, paroissent un peu brillantes ; en tout elle ressemble à un schiste dur qui ne seroit lamelleux que par petites parties. Vue à la loupe, la pierre d'Ensisheim, paroît grenue à grains fins.

De toutes les pierres tombées du ciel, celles qui jusqu'à ce moment diffèrent le plus des autres par leur aspect, sont celles tombées près d'Alais, en 1806. Elles sont noires, même à l'intérieur, médiocrement dures, peu tenaces, brillantes dans quelques parties, et généralement mattes et terreuses dans les autres; elles répandent plus que les autres aérolithes l'odeur argileuse par le soufle, elles sont moins lourdes ; mais étant chauffées elles reprennent le même aspect en perdant la petite quantité de carbone qui a été reconnue pour être leur principe colorant et la principale cause des différences qu'elles présentent avec les autres pierres de même origine.

Je crois devoir joindre à ces descriptions celles de trois échantillons différents de fer natif, présumé tombé du ciel, que j'ai été à même de comparer entr'eux.

Le premier est un fragment de la masse découverte en Sibérie. Il se distingue par sa texture spongieuse et scorifiée; il est revêtu d'oxide qui recouvre l'intérieur de celles de ses cavités qui ne sont pas remplies par la substance vitreuse ressemblant au péridot, qui occupe ordinairement la plupart des trous de ce fer. Cette substance est d'un jaune verdâtre, elle est vitreuse et transparente, ses formes sont ordinairement globuleuses ; mais dans un échantillon possédé par M. de Drée, on remarque sur un de ces globules plusieurs petites facettes très-distinctes.

Le second est de petites masses de fer natif, provenant des mines du Tucuman. Il a été envoyé au roi d'Espagne sous le nom de *mina de hierro virgen de Tucuman*; mais quelques personnes le regardent comme tombé du ciel. Il se trouve en petites masses éparses à la surface de la terre. Il est malléable et informe, mais non spongieux et scorifié comme le fer natif de Sibérie; il est recouvert d'oxide brun; vu à la loupe, il semble avoir été fondu; ses formes sont arrondies, et quelques points d'oxide offrent une apparence vitreuse

Le troisième échantillon est un fragment de fer natif, que l'on présume venir du Sénégal. Il appartient à M. de Drée, ainsi que les deux précédents; mais ayant été acheté, son origine est moins certaine, cependant le savant Chladni a cru le reconnoître comme semblable aux autres échantillons de fer natif du Sénégal, qu'il a été à même d'examiner. Ce fer renferme des parties oxidées brunes, et d'autres vitreuses; il est assez compacte, et les parties métalliques sont comme arrondies et mêlées avec celles qui sont vitreuses et paroissent les renfermer; la couleur des parties vitreuses est le jaune verdâtre, et en tout on peut dire que ce fer ressemble davantage que le précédent à celui rapporté de Sibérie par Pallas.

Tels sont les caractères distinctifs des masses tombées ou présumées tombées du ciel, que j'ai été à même d'examiner jusqu'à ce jour. Ces caractères sont suffisants pour démontrer que quelle que soit leur ressemblance entr'elles et les nombreux rapports qui les réunissent, elles ne sont cependant pas identiquement semblables : leurs analyses ont déjà démontré cette vérité importante, et on doit conclure des comparaisons de ces masses entr'elles que, quoiqu'elles aient des caractères communs et une origine très - probablement identique, elles présentent cependant autant de dissemblance qu'en pourroient présenter les différentes parties d'une même couche de roche, et même plusieurs couches contiguës appartenant à une même formation. Il est encore constant que le mode d'agrégation de toutes ces substances démontre qu'elles sont toujours formées de la réunion de plusieurs éléments minéralogiques très-distincts, qui quelquefois, mais rarement présentent des rudiments de cristallisation.

Comme dans les différentes parties d'une
même couche de nos roches , quelques
pierres tombées offrent une agrégation homogène , d'autres présentent une agrégation
variolithique; quelques-unes offrent des rudiments de couches ; d'autres sont totalement
grenues ; enfin on remarque dans plusieurs
d'entr'elles des filons très-apparents ou de
petites couches irrégulières de nature différente , et souvent elles renferment des
corps très-distincts ordinairement globuleux ,
qui paroissent par leur nature différents de
la masse principale dans laquelle ils sont
agrégés.

# SUPPLÉMENT.

King rapporte dans son ouvrage, que le 18 mai 1680, plusieurs pierres tombèrent dans Londres, près du collège de Gresham. Quelques-unes d'entr'elles furent examinées par le célèbre docteur Hoocke. Les plus petites avoient de deux à trois pouces de diamètre. Je dois cette citation à M. Léman qui a eu la complaisance de me l'envoyer depuis l'impression de la seconde section de cet ouvrage dont elle devroit faire partie.

Je ne doute point que le hasard ou les recherches des savants ne fassent encore découvrir un grand nombre de chûtes de pierres, qui me sont restées inconnues malgré les efforts que j'ai faits pour n'en omettre que le moins possible. J'engage donc ceux qui en découvriront quelques-unes à les publier, et surtout à rocueillir tous les détails avérés qui pourront conduire à l'explication de l'important phénomène de la chûte des pierres.

## FIN.

# TABLE ANALYTIQUE.

## OBSERVATIONS PRÉLIMINAIRES.

## TROISIÈME SECTION.

## QUATRIÈME SECTION.

## CINQUIÈME SECTION.

### FIN.